爱自己,
启动自我疗愈的能力

李英杰→著

目 录

序　用爱疗愈你自己 / 001
阅读建议 / 002

第一篇　爱自己，你的身体才能好起来 / 003
第二篇　自我关系，人生大树的根 / 017
第三篇　自我价值感是你最大的资本 / 039
第四篇　爱别人的能力源于爱自己的能力 / 061
第五篇　无条件地爱上你自己 / 081
第六篇　让你的感觉好起来 / 099
第七篇　自信，对自己自然的确信 / 113
第八篇　自我接纳是看家本领 / 123
第九篇　真实地做你自己 / 141
第十篇　爱自己，找回内心的确定感 / 153

序　用爱疗愈你自己

每个生命体本来就有自我疗愈、自我康复、自我调整、自我校正和自我超越的能力，这种先天即在的能力，可以称之为生命有机体本来的智慧。

那是什么原因导致人的这种先天即在的能力受损，或人对此毫无觉知呢？是爱自己能力的丧失！爱自己能力的丧失，让人陷入自我敌对和自我"作战"的恶性循环。

当人开始自己"整"自己，自己和自己处处作对时，别说自我疗愈，剩下的只有自我伤害！

"恨自己"永远不解决问题，恨自己只能让人越来越"自我分离"、越来越讨厌自己。只有从"原点""起点"上，用"爱自己"代替"恨自己"，才能重新启动一个人的天然自愈能力，帮助人走向"自我合一"。

只有爱自己，才能彻底拯救你；只有爱自己，才能让你彻底好起来！

阅读建议

一、你既可以从头到尾读这本书,也可以随意翻开一页读,或是直接选自己最感兴趣的先读。

二、本书旨在提供一种右脑式的学习,有别于左脑逻辑线性的学习。右脑的学习是通过对同一主题的不断重复和熟悉,使人在潜移默化中发生润物无声的改变。

三、用你的直觉和灵感读这本书,尽量少过脑。

四、你从外面得到的,永远不会多于自己内在已有的。本书不是再给你增加新的知识,而是激活你内在更高的同频振动频率。

第一篇　爱自己，你的身体才能好起来

生病是在提醒你，你亏待了自己

人们往往在一生病时，立即想着用吃药等应急的方式把病摆脱掉。但生病往往不是偶然的，常常隐藏着非常重要的心理信息。人如果错过了这次生病向自己传递信息的机会，就等于白生了一次病，白受了一次罪。不仅失去一次难得的和自己内心沟通的机会，而且以后还可能再犯这种病。

生病可以说是身体的一种情绪，身体是在向人耍脾气，为什么要耍脾气呢？因为你亏待了自己。身体在用生病的方式提醒人，你亏待了自己！比如最近忙于工作，以至于疏于照顾身体最基本的需要；或对自己太过苛刻，不吃好吃的、不喝好喝的和不让身体放松；或最近有很大犯错感并自责，导致身体能量低迷和萎缩；或进入一种工作狂模式，甚至开始带着自虐的劲儿逼自己，等等。

一般来说，生病和"不爱自己"有着必然的联系，这是导致犯病的深层心理模式。人只有找到和发现导致自己生病的具体原因时，病痛才能得到彻底和持久性的解决，以后不再容易重犯。

人如果真的找到原因，往往会有恍然大悟的感觉，甚至会有一瞬间浑身放松、终于卸下一副重担的感觉。身体的症状自会减轻不少，有时甚至不需要吃药打针就能神奇自愈。这是在生活中学会善于利用自己的心理能力，来进行自我疗愈的好方法。

爱自己，让你的身体"不药而愈"

一个爱自己的态度，要远远重于具体的方法。当人处在爱自己的状态时，处在有爱的状态时，大脑开始释放内啡肽，这是人体自带的天然止痛剂和疼痛麻醉剂，可以提升人体免疫力，甚至抑制和杀死癌细胞。

内啡肽让人的紧张、痛苦等不舒服的感觉迅速消失，整个身心彻底放松下来。人处在这种状态下，不太容易生病，本来的一些疾病和病痛也能不药而愈。毕竟相比药物治疗，心情愉悦才是更根本和持久的因素，这也是促进身体更快康复的最有效的保证。

所以，想要身体不生病、少生病或是恢复得更快，就要好好地爱自己！试想：如果人的大脑可以持续性地释放内啡肽，身心变得越来越放松，那会是一种怎样的美妙感受呢？

抑郁的根源

抑郁的根源是自我关系出了问题，潜意识里是恨自己而不是爱自己。自己看不上自己，自己总和自己过不去，自己不支持自己，怎么伤自己怎么来，最擅长自己和自己对着干，是自我破坏方面的专家。

潜意识里的恨自己会导向深深的自责——自己对自己持续性的愤怒和不满，这种愤怒和不满会导致人深深地讨厌自己。而自我厌弃和打压，会让人的生命力长期处于低迷状态，没有活力，生活仿佛失去了颜色，不再鲜活。这是抑郁非常显著的特点。

彻底远离抑郁，需要将潜意识里的恨自己全面转变为爱自己，把潜意识里所有恨自己的垃圾彻底清扫干净，不再收拾自己和整自己，从自我对立走向自我合一！

抑郁多年，为何好不了？

有很多朋友抑郁多年，自助、他助的方法使用了个遍，包括吃各种药，去看各种医生、专家，但就是好得不利索，好得不彻底，很容易出现反复。当时觉得有效，但事后很快又恢复原状，甚至能反反复复几十年，光这个过程就已经把人折磨得差不多了。

如果用尽各种办法，抑郁还是好不了，那唯一需要去检视的，就是去看看自己有没有过爱自己这一关。如果爱自己这一关没过，或这个问题没解决好，在做其他治疗时也没有顾及这一点，那抑郁确实很难好。这就像只是处理伤口的表面，而没有隔离病毒一样。

只要没从根源上解除不爱自己这一毒瘤，抑郁就像是"野火烧不尽，春风吹又生"的杂草，永远都没个完。只有充分做好爱自己的工作，抑郁才能从根源上失去滋生泛滥的温床，得到彻底治愈。

远离抑郁，需要全面提升爱自己的能力

抑郁之所以容易反复，是因为如果一个根基性的问题没有彻底解决，那无论用什么方法，都可能只是在缓解问题。在没有触碰到或没有解决根本问题的情况下，抑郁很容易再次成为一个人生活的主流。

抑郁的一个根本原因是：丧失了爱自己和自我接纳的能力，自己和自己对着干。抑郁的"底色"往往充满深深的自责、羞愧、自惭形秽，以及自我冲突和对立。而自我打压会导致胸口憋闷、身体乏力、没有活力等。

只有全面恢复和提升爱自己与自我接纳的能力，彻底修复自我关系，扭转导致抑郁的既定人生模式，才能抽去抑郁赖以生存的温床，给抑郁以致命一击，走上一条自我关系和谐、自我支持、爱自己的健康阳光大道！

不要抗拒自己"好"起来

在心理转变的过程中,有一个非常实用的工具或方法,那就是不要抗拒自己好起来。在愿意释放掉那些往下拉自己的负面意识的同时,不要抗拒自己向"好"的方向发展!不需要刻意地做什么,就是这么简单。

人有一种非常顽固的心理顽习或怪癖,情愿死死地紧抓住过去、紧抓住过去的旧模式不放,不管这种模式让自己有多受苦、有多受累!就是不愿意撒手,不愿意松开。这是一种非常需要留意、不能给其留下任何可乘之机的顽固势力,否则你的人生就会被毁掉。

比如,很多人长年生病、吃药,怎么也不见好。其实在这种情况下,已经不是纯生理问题了,而是"心因性"原因,需要自己去省查一下,看看是不是根本就不想让自己好起来。这听起来似乎不可思议,但如果一个人真是鼓起勇气,省查自己的话,一定可以发现,其实自己内心深处、潜意识里是有根本就不相信自己会好起来的想法的!这是一种非常致命的意识,一个人的心里一旦有了这种东西,怎么可能好起来?!花再多的钱,看再多的名医,也除不了"根"!

这种根本就不相信自己会好起来,甚至抗拒自己好、硬是要把自己从好的方向拉回来的意识,不光是让身体"多灾多难"，而且会扩展到人生的方方面面：比如两性关系、工作、收入、人际关系等，均会受到影响。可以说，人生360度都会受到"封杀"和影响，试问，这样的人生能够好起来吗？！

人一旦有了这种意识，就会专门相信对自己不利的结果，专朝对自己不利的方向去用力/努力。所以，人生最重要的不是努力，而是努力的方向，努力的方向反了，越用力，越悲催；越用力，越抑郁！

抑郁是长期压抑的郁闷

一般来说，抑郁是长期积压的结果，所谓"冰冻三尺非一日之寒"，比如平时就已经习惯压抑自己真实的感觉和感受。

这种强压，时间长了会让人失去感觉的能力。比如，最典型的，抑郁的人会发现自己失去了愤怒的能力，重度抑郁的话，甚至会出现没有感觉、身体发沉和头脑迟钝的情况，意识处在一种恍惚和游离的状态。

抑郁对人最大的伤害在于，它会对内攻击——自己对自己的攻击。自己和自己过不去，最极端的方式就是直接结束自己的生命。

抑郁的康复，需要从全面恢复感觉的能力开始，首先是要允许自己有真实的感觉和感受，要支持自己的感觉而不是打压自己的感觉。支持自己的感觉并不意味着要向别人发泄和转嫁属于自己的情绪，向别人发泄和转嫁情绪，恰恰是因为没有自我接纳，正因为没有接纳自己的情绪，所以才需要转嫁。

抑郁康复的方向与方法

抑郁，多是压抑出来的郁闷。而压抑是表象，背后折射出的是自我关系的敌对。所谓敌对，就是自己想要"搞死"自己，处处和自己作对，自我冲突与对立，自己不支持自己，自己攻击自己，抑郁很大一部分源于自己对自己的愤怒、自己对自己的恨。

所以，抑郁想要康复，大方向是要从潜意识里的恨自己，全面转向潜意识里无条件地爱自己和接纳自己，爱自己为抑郁的康复提供了一个"抱持"性的环境（就像是母亲抱着自己的婴儿），没有这一方向性的导引，任何方法都可能变成一场新的对自己的"战争"。

要掌握一到两个强有力的清除情绪的技术。抑郁只是一个统括性的称呼，其实质是一堆情绪的复合体，如恐惧、恐慌；焦虑；自惭形秽、极度的自卑和羞愧；犯错感和负罪感；遗憾、悲伤、没有希望、永远的丧失感；愤怒、挫败感，攻击自己或他人；严厉的自责；无力感、被隔离感、孤独；冷漠、打不起精神、对生活失去兴趣……

抑郁的这些情绪就像是层层的乌云和"雾霾"，把人本来的朗朗天空遮住了，而强有力的、有效的情绪清除方法，就是要迅速驱除"黑暗"，恢复人本来灿烂的心情。

不爱自己的人一定抑郁

抑郁的一个主要根源是自责情绪太多，而在这些自责当中，有相当一部分是对"不能支持自己"的愤怒，是对不敢于"做自己"的愤怒，是对不能接纳自己真实状态、真实感觉和感受的愤怒。

一直活在"应然"与"实然"的二元张力之间，长此以往，人必然越活越冲突，越活越分裂，越活越不喜欢自己，剩下的就只能是抑郁。

这种自我不接纳和自责，积压到一定程度，就有可能造成灾难性的后果——自我放逐，乃至自己放弃自己的生命。

疾病背后的心理因素

俗话说，身心一体。看似身体的疾病，其实背后往往有相应的心理原因，比如经常愤怒的人更容易有高血压或心脏功能受损等。

在所有的疾病背后，不管疾病以何种面目出现，其背后往往潜伏着一位隐藏很深的"职业心理杀手"——深重的负罪感或是犯错感。人一旦被负罪感或犯错感所控制，就会在潜意识里认为自己应该受到惩罚，应该得到报应，为此不惜人为地制造出一些灾难，比如看起来的意外受伤、自我破坏行为、习惯性自虐等。

在流行病肆虐期间，容易感染上的人，往往首先在心里就相信自己会被传染上。而之所以相信，一个主要原因是因为负罪感或犯错感大。

这种相信自己应该受到惩罚或得到报应的潜意识，是身体疾病能够滋生和蔓延的肥沃土壤，也是疾病背后的深层心理根源。

心理对身体健康的影响非常之大，这提醒人们要时刻关注自己的心理状态。生病时，除了传统的求医问药之外，有意识地看看自己的心理状况，恐怕更能彻底地解决问题，还可能会有意外的收获。很多时候，往往只是通过调整心理，就会对身体的康复和保养起到事半功倍的效果。

逼自己坚强会让人抑郁

所谓抑郁，就是"长期压抑的郁闷"之简称。

一个人如果长期不理会自己的心声，对自己的真实感觉、感受不管不问，置之不理，甚至打压，为了得到外界的认可，不惜牺牲自己的真实感受，逼自己坚强，"死磕"自己，长此以往，人的心就会"封死"，真实的感觉、感受不再流动。一个心门关闭的人，不管外在拥有什么，总是觉得活着没劲，仿佛生命失去了意义。尽管在外人看来，他的幸福触手可及。

抑郁其实就是一个人的生命能量被卡住了、打结了、阻滞了，所以他感到无力和无助。跳出抑郁，需要全面恢复爱自己和自我接纳的能力，全面疏通和改善自我关系，让鲜活的生命力重新流动！

如何启动自我疗愈的能力

每个生命体本来就有自我疗愈、自我康复、自我调整和自我校正的能力，这种与生俱来、先天即在的能力，可以称之为生命有机体本来的智慧。

任何来自外在的过多干预，都可能破坏生命有机体本来的智慧和运行，破坏生命有机体自然的节奏。

想要重新启动自我疗愈的能力，要确保人处在一个自我和谐、自我合一、自我支持和自我接纳的良性状态中。只有这样，人的自我疗愈、自我调整和自我指引的能力才能重新恢复，并得以稳固。随着这种能力的稳固，人便可以进入一个依靠自我调节和内心灵感的美好状态！

是什么东西让你活得如此沉重

是什么东西让你活得如此沉重？是漫无边际和铺天盖地的犯错感、负罪感和自责等能量极低的意识。负罪感、犯错感、自责等几乎是人所有情绪的底基，是人喜欢自虐、自己和自己较劲、怎么伤自己怎么来的心理根源。

负罪感和犯错感让人无法接受真实的自己，做什么都是错，做什么都是罪。生活在一种随时害怕受到某种莫名力量的惩罚、随时可能会大祸临头的惴惴不安的恐惧和恐慌之中。

负罪感和犯错感在每个人身上都有，其隐藏之深，超乎每个人的想象，不去面对或假装其不存在，并不能使负罪感和犯错感自动消失。一个更加务实的态度是：在生活中仔细觉察，发现一次，清除一次，绝不给负罪感和犯错感留下任何可乘之机和得逞的机会。

第二篇　自我关系，人生大树的根

自我关系：人生一切的根源

人毕其一生的努力，把时间和精力全用在了维护外在的关系上，而恰恰忽略和忘记了一个更根本的、基石性的、决定了其他一切关系的关系——自我关系，即自己和自己的关系。

如果把人生比喻成一棵大树，那这棵大树的根就是自我关系，决定了人生这棵大树能否枝繁叶茂。自己和自己的关系决定了所有外在的关系！看起来的外在冲突，其实是内在冲突的演变和延伸；看起来是和别人过不去，其实根源是和自己过不去。人有情绪，大多数时候是因为没能照顾好自己而积压了怨气。

自我关系的和谐决定了所有外在关系的和谐。借由改善自我关系，理顺和顺畅所有的外在关系！

修复自我关系是人刻不容缓的任务

不管一个人怎样努力，如果一个方向性的问题——自我关系——没解决好，那很可能会越努力，越悲催；越努力，越得不偿失。因为努力的方向是不爱自己的，是和自己对着干的，是带着对自己很大的恨和情绪的，这种奋斗和努力很容易对自己造成更大的伤害！

修复自我关系是人刻不容缓的任务。只有先修复自我关系，人的奋斗和努力才会在大方向上是对自己有利的，不会对自己造成伤害！人在自我接纳的情况下，爱自己，内在和谐地做事，可以最大限度地减少内耗和耗能，付出同样的努力，更容易出成绩和成事！

有效的心理改变从哪里开始？

心理改变怎么样才能起作用？有效的心理工作从哪里开始？为什么很多人努力改变，甚至在金钱、时间和精力上投入甚多，却收效甚微？

在心理工作中，其实只有开始关注一点，并从这一点上深入做工作，才算是切入了正题，否则就一直是在外围打转，很难发生实质性的改变。

这个改变的枢纽和核心就是自我关系，人只有开始关注和修复自我关系，才能良性发展。否则，人始终处于拧巴的状态。

自我关系是人生这棵大树的根，没有理顺和修复自我关系，光在枝枝叶叶上做工作，很难收到实质上的成效。而且，在自我关系没有修复之前，所有的努力，包括学习以心理为名的各种课程，都可能成为对自己新的伤害。

因为，人在没有真正修复自我关系之前，是一个恨自己和讨厌自己的状态，是要用各种外在标准来强行改造和推倒、打倒自己的状态。

很多人误以为，只要学过心理学或看过这方面的书，就会与众不同，甚至在别人面前刻意显露自己的不同。其实关键要看有没有修复自我关系，有没有实现内在的合一。找对方向和路径才是最重要的，否则，只是新瓶装旧酒，还是过去的那个人。

修复自我关系：人生可以良性发展的前提

修复自我关系，是人生走上良性循环的前提！

自我关系不和谐，自我冲突和对立，人就会经常处在自己和自己较劲的状态，自己和自己过不去；也容易把因没有照顾好自己的情绪而产生的怨气转嫁给别人，尤其是转嫁给身边亲密的人，和别人过不去。

自我关系是打开人生诸多困境的一把钥匙。自我关系好，人就会处在一个自我支持、自我激励、自己可以为自己赋能和负责的状态，内在会有不竭的动力。而自我关系糟糕，人就会进入一个自我打压和自我厌弃的恶性循环，内耗极大，导致生命力萎靡不振，甚至引发抑郁。

只有顺畅自我关系，人才能越过越好。

梦想实现的前提：自我关系的高度纯一

梦想实现的前提是：自我关系的高度纯一，自己不拖自己的后腿。

如果一个人经常有在关键时刻掉链子的经历，即一件事情前面做得都很好，但总在最后一刻功亏一篑，这就要去看看自我关系中是不是有自我不支持的东西，很多时候，这种自我不支持隐藏得非常深，以至于不专门去探察很难发现。

人只要还有一丝一毫不支持自己的东西，就会总是在无意识之中、没有觉察之际自己坏自己的好事，自己拖自己的后腿。

人只有处在一个自我关系高度纯一，处在一个全力以赴支持自己心愿的状态，梦想才可能变成现实！

永远不要偏离自我关系

偏离自我关系这一核心，这是很多人痛苦多年的最主要原因。

一旦偏离自我关系，人就会从外在找原因，把目光全放在协调外在关系上，而偏离问题的起点和核心是自我关系出了问题，人才开始变得困难重重。

自我关系一旦出了问题，人就会走上一条自我分离、越来越分裂的路，人就会把意识投向外界，不停地去从外在找原因，去协调各种外在的关系，以为是外在的关系出了问题才引起自己的问题，其实是自己的内在先出了问题，是自我接纳出了问题，才导致自我分离、目光外移。

永远不要偏离自我关系，紧紧锁定自我关系这一核心，人就不容易"有事"。人不在"状态"，多是自我关系出了问题。

从自我关系的和谐到内外关系的和谐

人只有搞好自我关系，才能搞好外在关系；人只有内在和谐，才能扩展到内外和谐。自己心里都没好气，很难给别人好气；自己心里都闹得要命，很难让别人清静。

自我内在和谐，人才不容易和别人、和外在较劲，和别人、和外在较劲，根源是和自己较劲。自己不和自己过不去，人就不会有"动力""动因"去和别人、和外在过不去。

人和外在较劲，是因为自我冲突，在内在先形成了一股要四分五裂的痛苦张力，这股要到处抓的张力驱使着人向外抓狂，形成更多的外在冲突。人只有消弭了内在冲突，达到自我和谐，才不会制造更多的外在冲突。

你的人生需要一个"方向性"的调整

你的人生需要一个"方向性"的调整。在这个方向没有扭转之前，人处在一个越努力越悲催、越努力越抑郁的恶性循环。付出很多，但收获很小，而且还活得特耗能，身心俱疲，甚至身体都已经开始出现各种各样的问题。

这个方向性的调整就是：从恨自己到爱自己，从讨厌自己到无条件接纳自己，从和自己过不去到允许、不再阻碍自己好起来！

人在没有完成这个方向性的调整之前，是自我关系紧张、自己搞自己，见不得自己好，所以不管怎么努力，总是效果甚微，或是取得一点成绩，却需要付出极大的代价，甚至要牺牲身体的健康。

只有完成这个方向性的调整，才能实现自我关系的高度纯一，进入一个自我支持和高效的良性循环。

人和自己的关系决定了所有的外在关系

有一件非常遗憾的事，人毕其一生的努力，把多数时间都用在了搞好与外在的关系上，费尽心思去经营与别人的关系，目光习惯于对外。解决问题时也养成这样的思路：问题一出现，第一时间想到的就是通过改变外在来改变当下的处境。

而这忽略了一个基石性的问题：人和自己的关系决定了所有的外在关系。搞好自我关系才是解决任何人际问题和困境的捷径。自己对自己的态度决定了别人对自己的态度，别人怎样对自己，基于自己怎样对自己，外在是随着自己内在的变化而变化的。

外在的冲突其实是内在冲突的演变和延伸。外在冲突的实质是人无法接受自己内在真实的感觉和感受，而把这种不接纳的原因投射到外在，就像人心情不好或是心烦时，会把情绪扔给别人、会怨别人一样，由此内在冲突转变成了外在冲突，人的注意力也转移到外在。这一过程习惯成自然，就会遮蔽人看到问题的真相和背后的运作逻辑。

这个世界上几乎所有的问题都有一个统一的解法，那就是自我接纳。人处在自我接纳的状态，即处在一个内在和谐、不冲突的状态，就不容易引发外在的冲突。人处在自我接纳的状态，就能和自己内心的指引和内在智慧建立连接，就知道自己该怎么办，而不是本末倒置，去从外面寻找答案，或是把精力浪费在无谓地改变外在上。

痛苦是因为变得越来越"二"

人痛苦是因为变得越来越"二"。人在健康时的状态是一个内在合一和谐、自我关系融洽的状态。人的痛苦源于从合一走向了分裂，从"一"变成了"二"，并且越来越"二"。

这种"二"最典型的表现就是：人的大脑不支持人的心，大脑充满了各种外在的声音、装满了各种外来的程序，其中不乏一些病毒性的、对健康极为不利的程序。大脑成了专门对付人的心和打压、秒杀人的梦想的机器。

人长时间活在大脑提供的外在标准之下，会和自己的心越来越远，甚至绝缘，直到彻底迷失自我。不知道自己到底想要什么，随波逐流，生活完全被推着走，进入一种被迫式的生存。每天靠逼自己做事、逼自己坚强过活，需要不停地给自己打鸡血，才能进入工作状态。

人长时间处在这种脑和心严重冲突分离的状态，就会生病和抑郁。因为一个人不能老是骗自己，人的心会通过各种明里暗里的方式来提醒人，比如生病、失眠、心悸、睡梦中的惊醒等。每一次的骗自己都会引发自己对自己的自责、憎恨，恨自己不能支持自己，恨自己无能。时间长了会形成一股极具破坏性的力量，自我敌对、自我打压，甚至引发自弃生命这一极端后果。

所有的心理问题都源于自己和自己的关系出了问题，自己和自己过不去，自己和自己较劲，自己和自己对着干，自己整自己。只是很多时候，这种自我惩罚的冲动完全是"无意识"的，而背后的根源就是恨自己。

做一个支持自己的人

梦想实现的基本前提是：一个人是自己支持自己，而不是自己"枪毙"自己的。

自我不支持，人就会积压越来越多的愤怒，这是对不能支持自己的愤怒。这种日益积累的愤怒、自责会引导出更多的负面情绪，吸引来更多的负面事件，来继续强化和加剧自我关系本来的不和谐。

由于自我不支持而积压起来的愤怒，会形成一股自我毁灭的强大力量，让一个人陷入自我打压的恶性循环中出不来，生命总是处于一种被抑制和抑郁的状态。

而冲突的自我关系又容易在外在制造出一大堆麻烦事，让自己更不顺利。人在没有搞清楚怎么回事的情况下，又带着犯错感去继续改善外在，把注意力全都用在搞好和维护好外在的关系上。

其实这一切的根源，是自我关系先出现了问题，是自我冲突与对立引发后续的一切。打开问题症结的核心是紧紧锁定和聚焦于自我关系，从一开始就做一个支持自己的人，从最基点和最原点理顺问题。

全面提升自我支持的能力

人抑郁，很大程度上是对不能支持自己的愤怒导致的。当这种愤怒指向自己，就会成为内在攻击，久而久之，导致抑郁。抑郁的本质是自我关系的敌对，潜意识里想要搞死自己。

所以，破解抑郁的核心和钥匙是修复和改善自我关系，全面提升自我支持的能力。由对内攻击导致生命力不断萎缩，转为对内支持，使得生命力的不断拓展与延伸。

痛苦的本质是一种自我分离

当人在痛苦的时候，注意一下，一定是自我不断分离的，人失去了核心感／重心感，越来越向外分离和分裂，自我不再是一个抱团的状态，而是开始出现内在冲突与分裂。自己和自己不再是拧成一股绳的关系，而是开始相互不支持、相互为战。

痛苦是因为人的内在出现了一股"异己"的力量，一股自己想要把自己"消灭掉"的力量，因为出现了严重的自我冲突和内在张力，所以人开始痛苦。

而痛苦的解脱恰恰是向内合一（爱自己），越来越向内、越来越合一，直到这种合一越来越纯粹，再也没有分离／分裂的间隙，再也没有向外分离的余地。

从自我分离到自我合一

痛苦是一种向外的分离，这种分离让人觉得越来越远离真实的自己，这种分离让人觉得自己越来越不真切，这种分离让人越来越焦虑和心焦，这种分离就像是"离家出走"，让人越来越失去安定感。

消弭痛苦的唯一方法是，从自我分离回归自我合一。人只有越来越向内抱紧自己，守护好自己的内心，才不容易再向外分离。从自我迷失到找回自己，从彷徨焦虑到方向感清晰，从失去安全感到找回"确定感"，重新获得内心的力量！

和别人过不去，是因为和自己过不去

　　人不和自己过不去，就不再有兴趣和别人过不去。人和别人过不去，首先是因为和自己过不去，人抓住别人不放，都是因为抓住自己不放。

　　在生活中，只要稍微观察一下，就会发现，当人想要抓狂、想要抓别人时，一定是在自己很难受的时候。也就是说，如果人自己是处在一个自我接纳和内在和谐的状态，其实是没有动力去抓别人的。人不停地去抓别人，是因为自己太难受了。

　　所以，人最需要搞好的是自我关系，永远都不要偏离这一核心。当人的自我关系越来越好时，就会放弃总想抓别人的快感。

　　当和别人的关系出现问题，或是发现自己想要去抓别人、和别人搅在一起的时候，一定要去看看是不是自我关系出了问题，需要改善。当人的这种自我觉察力越来越好，协调自我关系的能力越来越好时，就能尽早地防止和别人不必要的人际纠缠。

人生的方向性逆转

每个人的潜意识里都有一股先天的驱动力，去寻求完整和自我超越，但如何才能使这一过程进展得更顺利，不受阻碍地充分发挥人的这一潜能呢？

逆转的关键就在于人的自我关系是不是自我支持和自我接纳的。如果人的自我关系是合一的，人的潜意识和意识就会达成高度的统一，人自身的自我调整能力就会出现并占据主导地位，人就能进入一个依靠自我调节不断前行的良性循环。否则，人就会没完没了地和自己过不去，陷入一个内耗和内战极大的恶性循环，自我调整能力消失殆尽，人羁绊在各种内在的冲突中无法前行。

人只要没恢复自我完整，就是善变的

一个人只要没恢复自我完整，就是善变的，从某种意义上说，是不靠谱的。所谓自我完整，就是说一个人的内在是合一和谐的、是相互支持的，而不是相互打架和冲突的。

如果人的自我关系是相互对立的，那很难处在自我完整的状态，而是自我迷失和分离的状态。人处在自我迷失和分离的状态，没有根，当然是善变的。

另外，人如果自己不能支持自己，就没有勇气做自己，是一个目光冲外、处处看别人脸色行事的状态，自己的价值感建立在外在的评价上，心随外在而波动，人自然是善变的。

只要没有恢复自我的完整，人就是善变的。人只有在自我、内在合一和谐时，才可能有重心、稳重，人处在有恒定感的状态，才不容易变来变去。

看看你的能量有没有用反方向

有一件事，是需要人平时静下来深思的，那就是既然人能让自己过得越来越凄惨，那为什么就不能让自己过得越来越好呢？

如果人不是朝着自我支持的方向用力，而是朝着自我破坏甚至是自我摧毁的方向用力，就会越努力越悲催，越努力越抑郁。如果人不自我支持，就会专朝对自己不利的方向用力，专门相信对自己不利的结局，不相信自己会好起来。努力的方向不利于自己，路只能是越走越窄。

人只有转向自我支持，努力才是有建设性的，也只有在这种情况下，人的努力才是有意义和价值最大化的。

为什么越努力越悲催？！

人为什么会进入一个越努力越悲催，越努力越抑郁，越努力越焦虑的负性循环和怪圈之中？答案是，自我关系出了问题。

所谓自我关系，就是人自己和自己的关系，有相互支持的，也有相互打压和拆台的。自我关系好，人就不容易处在自我迷失的状态，很清楚自己真正想要什么，做事时自然是一个全力以赴追求自己梦想的状态，很少或不容易有"内耗"，所以也容易出成绩。

而自我关系差，人处在自我迷失的状态，不是很清楚自己真正想要什么，容易在方向性问题上多走弯路，多次试错可能会极大地挫伤一个人的"锐气"。做事时，如果选择的方向不是自己真正想要的，其实会相当耗能。

即使选择的是自己真正想要的，而自我关系不和谐，也会影响工作效率。在做事时容易对自己有很大的情绪，自己和自己过不去，不放过自己、死磕自己！

人生需要完成的两大基础"工程"

人生需要完成的两大基础"工程"是：

第一，修复自我关系。自我关系是人生这棵大树的根，自我关系决定了人所有的外在关系。在没有修复自我关系之前，人处于一个拧巴较劲的状态，自己不喜欢自己、自己讨厌自己，自己经常指责自己，特别自责。自责的时候，人甚至会想要把自己干掉。在这种心态下，人的内耗会特别大，那点能量全内耗掉了。

自己和自己较劲，自己不放过自己，人又很容易和外面尤其是身边的人发生矛盾和冲突。内在冲突会演化和延伸出更多的外在冲突，而外在冲突又更好地掩饰了本质上的内在冲突。

人不修复自我关系，很难跳出要么向内攻击自己要么向外攻击别人的负性循环。"能量守恒定律"在心理上的表现就是，情绪最终总要找个出口！

第二，恢复自我调整能力。自我调整能力是人本来就有的一种先天的能力，如果是在正常的情况下，人本身就有自我调整、自我校正、自我修复和自我超越的能力。但当人的自我关系出了问题或是有了创伤时，人本来的自生态系统就被打乱和破坏掉了，失去了方向感/方位感，脑子好像也变得不好使、不清晰，此时人丧失了自我调整和自愈的能力。

人只有爱自己和自我接纳，才能修复自我关系，重新走上一个自我和谐和自我支持的良性循环，获得自我调整和自愈的能力，回归自我运转良好的自生态系统。

找回你的天赋

上天赋予人独一无二的天赋，这种天赋一直潜伏在每个人的身上等待被发现。有的人找到了，而有的人还没有找到，那要如何找回自己的天赋呢？

人只有在自我关系和谐时，才能找到这种天赋。当人处在一个完全自我接纳、爱自己，没有内在冲突和自我不支持的时候，其天赋——最擅长的能力才会出现。否则，人就一直处在一个自我较劲、死磕自己、非要逼自己喜欢上自己并不喜欢做的事的状态。非要逼自己喜欢上自己并不喜欢的事，反映出的是自我关系的对立，而且还容易导致人抑郁，这一点需要特别注意。

人一旦找回自己的天赋，就会进入一个高效能和有内在成就感的状态，而不是既耗能又无聊！

吸引力法则为何没能生效

吸引力法则，即心想事成的能力。很多人都尝试使用过吸引力法则，但最终以失败和失望而告终，再也没兴趣用了。

"吸引力法则"的生效是有条件的，那就是：人的意识系统要高度的和谐统一，或者说，自我关系是相互支持而不是相互拆台的。人人都向往财富自由、拥有好的情感关系，但嘴上说、脑子里想的时候，在内心的最深处、潜意识里也是同样这样支持自己的吗？

很多时候，人的潜意识和意识（显意识）刚好相反。在意识层面许愿的时候，其实内心（潜意识）是根本不相信自己配得到好东西的，是根本不敢相信好事能发生在自己身上的。这就是吸引力法则不会生效的根本原因。

人只有在意识高度统一、自我关系相互支持时，实现愿望的能力才能大幅提升！

第三篇　自我价值感是你最大的资本

你的自我价值感在哪里，你就会在哪里

自我价值感就像是一个人的吸引子（attractor），它会把人放置在与其力量（吸引力）相应的区域。

自我价值感弱，人就不会相信好事会发生在自己身上，总觉得自己不配过好的生活。人会暗中采取自我破坏行为，自己坏自己的好事，关键时刻总掉链子，自己拖自己的后腿，"抗拒"好事发生在自己身上。

自我价值感会反映在人生的方方面面，诸如在工作、婚恋、人际交往等方面，都会折射出一个人自我价值感的高低。可以说，一个人对目标的定位以及目标实现的程度，不会超出一个人自我价值感的上限。

人生并非没有捷径，人只需做好一件事，那就是通过不断地提升自我的价值感，通过不断地调整自己的吸引子，让高自尊和高自我价值感充分体现在生活的方方面面，令好事发生。

你的自我价值感在哪里，你就会在哪里。

别期待别人给你自我价值感

别期待别人给你自我价值感，自我价值感是自己给自己的。人只有充分认识到自我价值感是内在的，意识才能收回自心，不再游移在外面，像一叶浮萍一样没有根，整个人看起来左顾右盼，没有稳重感/稳定感。

人只有好好地爱自己、自我接纳，才能越来越有自我价值感，有真正的自信和自尊。不再把自我存在的价值感寄托在外在、寄托在别人身上，人就会越来越处在一个重心感（centered）的状态，不需要从别人的眼神、表情里去寻找蛛丝马迹，来证明自己存在的价值。

当人处在这样一个状态时，就是自我支持和自我赋能的。所谓自我赋能，就是说，一个人因为有自我价值感而变得内心越来越有力量，这种力量可以让人不再需要从别人那里获取认可，来证明自己这个人及自己所做的事是有价值的。自己可以给自己充分的支持，自己可以给自己充分的认可，外在评价的影响自会越来越小。

自我价值感，决定了你会不会被甩

无论男人还是女人，只要是在自我价值感上"输"了，那在情感关系中很难有好的归宿，要么是找一个自己并不是真心愿意的人，凑合一辈子，要么容易成为受害的一方，付出很多却根本不被当"回事儿"，甚至还被嫌弃，惨遭被甩的命运。

成为受害的一方，容易站在道德高地，用道德话语来谴责和压对方，但在真实的人性面前，道德显得异常脆弱。用开玩笑的话说，人性的第一大特点是"贱"，第二大特点是"好贱"，这种"贱"体现在：别人会用我们对待自己的方式来对待我们。

所以，有一点是自己必须去面对的，否则以后还容易遭到被甩的命运。那就是你自己在这中间起了什么作用？最致命的一点就是，要去看看自己的自我价值感是否足以支撑起自己在情感关系中的一片天。

人的自我价值感一弱，就容易引发别人的嫌弃。而这时，人最常干的事，就是在惶恐之中，继续再带着弱的自我价值感去拼命讨好对方，而结果就是，只能加速对方的嫌弃和远离。因为问题的根源就是你的自我价值感弱，而你继续再带着弱的自我价值感去追和讨好对方，等于强化了问题，没有看到问题真正的出处。

所以，是准备让人用"贱"的方式来对待你，还是用"贵"的方式来对待你，就要看你自己的自我价值感如何了！

人性本身很难用道德上的好坏来评价，因为这就是人性的规律和特点，对人性要有合理和现实的期待。保护好自己的最好方式是，对人性有通透的理解，致力于提升自己的自我价值感，从一开始就不"犯贱"，防患于未然。

安全感和自我价值感

人内心的安全感和自我价值感成正比，自我价值感越高，安全感就越高；自我价值感越低，就越没有安全感。

自我价值感高，意味着一个人不把自己存在的价值寄托在别人身上，不需要左顾右盼，去从别人的言语或面容表情上寻找蛛丝马迹来证明自己存在的价值，不需要通过讨好别人来证明自己。

而自我价值感弱，人就会很没有安全感，总是觉得别人对自己有意见，总是觉得自己不对劲，总是觉得别人对自己不满意，总是觉得自己有问题，总是觉得别人盯着自己等，不是吾日三省吾身，而是吾日无数次省吾身，总是被犯错感和自卑感所包裹，觉得别人都比自己强。

安全感建立在高的自我价值感的基础上，只有内在有真正的自信、自尊，才能有持久的安全感和稳定感。没有好的自我价值感，人就像一叶浮萍一样没有根，就像一滴油一样在水面上漂来漂去，永远都无法安定。

不从别人身上获取自我存在的价值感

人很容易把自我存在的价值感寄托在别人身上，别人一有异样的反应，自己立即就慌了神，失去定力，在恐慌情绪的驱使下，紧急地做一些带有情绪的弥补性或是补偿性的行为。这些行为短时间内可能可以加固关系，但从长远看，并不解决根本问题。

人如果把自我存在的价值感建立在外在，就会处于一个很没有安全感的状态，很容易就被外在和别人的反应所干扰，心境是随着外面走的。内心的安全感源于内心强大的自我价值感，这种自我存在的价值感不因外在而变化，不因别人的言语反应而变化。

没有强大的自我价值感，安全感就失去了立足之基。只有内在有强大的自我价值感，人才会有真正的安全感，人才会处在一个有重心感和定力的状态，不容易被外在所干扰。内在有定力，外在才能以无所求的心态为人处世，不做伤害自己自尊的事。

不从别人身上获取自我存在的价值感，把意识收回自心，人才能保持安定。

安全感是自己给自己的

人们已经习惯于从外在寻求安全感，比如以为找到了某个人就会有安全感，这样做忽略了一个基本事实：安全感其实是自己给自己的，安全感也只能自己给自己。

把安全感寄托在外面，就相当于主动把主权交了出去，人为地让自己保持在一个永远委身和寄居于别人屋檐下的地位，永远不能大大方方和堂堂正正地做人。

只有深刻地认识到安全感是自己给自己的，人才不会把幸福和快乐的源泉寄托在外面、寄托在别人身上，从而避免了为自己营造从高期望到失望再到绝望的机会。

把安全感收回到自己的内心，人才会有力量，就不必再冒把自身安危立足于外在流动不居的风险。你在安全感即在！

放下被关注的需求

放不下被关注和被认可的需求，核心还是自我价值感不够，自己对自己不认可，所以总是需要外在的确认。真正的自信是一种自然的确信，本身不需要额外的保证。

过度在意别人的眼光，人就会把自我存在的价值感寄托在别人阴晴不定的表情、脸色和反应上，总是试图从别人言谈举止的蛛丝马迹中，寻找证据来解读和证明自我存在的价值。有点赞才开心，没点赞就郁闷，心情每天不停地经历着从期待到失落再到挫败的过山车，甚至不惜屈尊自己，去迎合别人不合理的需求。

人的痛苦在于把幸福感的源泉寄托在了无常的外在，试图从一个多变的无常世界中抓住一个有常不变的东西。其实，这个有常不变的东西自始至终都在自己的心里，那就是无论世事如何变迁，自己对自己的初心，自己对自己的支持、认可和无条件接纳都未曾改变。

自我价值感是人生一切的根源

人生并非没有捷径，人生只需做好一件事，那就是不断地提升自我价值感，并让这种自我价值感充分反映到自己生活的方方面面。

自我价值感是人生一切的根源。自我价值感弱，人在内心深处、在潜意识里就不会相信、更不敢相信好事会发生在自己身上，潜意识里就会有我不值、我不配、我不配得到好东西等诸如此类、根深蒂固的垃圾信息，而这种病毒性的深层意识对人生的影响是全局性和致命性的，无论是在找工作，还是在恋爱结婚等方面，都会折射出一个人自我价值感的高低。

自我价值感弱，人就会采取自我破坏行为、自己坏自己的好事，自己不支持自己，关键时候总掉链子。从根本上说，一个人所订的目标以及目标实现的程度，不会超出一个人自我价值感的上限。

只有提升自我的价值感，人生才能步入"芝麻开花节节高"的良性发展快车道。

给自己换一个有自我价值感的头像

头像可不是件小事,它直接反映出的是一个人的自我意象——内心对自己的认可程度、自我认同、自信自尊、自我价值感等最为核心的关于自我的信息。毫不夸张地说,头像可以反映出一个人80%的信息。

一个人的头像模糊,往往反映出的是一个人的自我意象的混乱、不清晰——甚至完全没有自我,没有自己对自己的认可,自我价值感是负数,没有自信。

在犯罪心理学中,有一门前沿的技术,叫犯罪心理画像(其实已经不前沿了,在国外已有几十年的发展),该技术可以仅根据一些信息,就描绘出犯罪嫌疑人大体的概貌,如性格特征、心理倾向、生活习惯等。举这个例子,仅在说明头像对于一个人的重要性,头像不只是一个简简单单的标记,它可以反映出一个人内心最为深层的活动状态。

人要由内而外地提升自己,内在的自我价值感提升了,也应该反映在外在的头像上,况且一个好的头像也可以让你对自己的感觉好起来,什么时候看起来都舒服,加强和固化自己内在的自我价值感,形成一个双向互动和相互强化的良性循环。

在这个信息化的时代,一个好的、有自我价值感的头像可以为你吸引来更多的机会。所以，何乐而不为呢，从现在起，就为你自己换一个有自我价值感的头像吧。

带着自我价值感做事

人在做事的过程中，切莫失去自我价值感，这是人安身立命的根本。失去了自我价值感，也就失去了与外界交往的砝码。能不能得到经济利益是一回事，但如果失去了自我价值感，损失将会是最为惨重的。从长远来说，这也是对自己最不利的，因为没有自我价值感，人就没有了力量，没有了力量的源泉和支撑，人就无法前行。

带着自我价值感做事，就是说人要修炼自己的高自尊，不体现出胆怯、害怕、自我价值感弱等低自尊的东西。用自己的高自尊和高的自我价值感为自己带来好的感觉，用好的"感觉"为自己"吸引"来更健康的人和更好的机会。

把意识收回到自心

把意识收回自心,就是处在一个重心感的状态,意识不再游离,不再像个游子一样长年漂泊在外。

意识可以收回到自心,源于一个人有充足的自我价值感,不再把自我存在的价值感寄托在别人和外在认可的基础上。人可以自己给自己认可,自己给自己力量,这自然是一个重心感的状态。

人不能把意识收回到自心,是因为不停地想要从别人那里获取认可,魂不守舍,一直在看别人有没有给自己点赞,有点赞就开心,没点赞就郁闷,一直被外在所干扰,心自然定不下来。

父母唯一需要做的是让孩子有自我价值感

父母唯一需要做的是让孩子有自我价值感,让孩子拥有一个健全和独立的人格、一颗强大的内心。

健康和自信的人格建立在自我价值感之上。孩子需要的是一个对爱的确认——自己值得被爱的确认。这种爱不以附加任何外在条件为基础，比如不是因为学习成绩好才能得到父母的笑脸和首肯。真正的爱基于对生命本身的尊重，真正的爱不是讲条件的"交易"。

父母不能给孩子无条件的爱和认可，核心原因是因为自己缺少爱自己的能力，没有能力给自己无条件的爱和认可。从长远来说，一个人给别人的爱很难超出给自己的爱。不能以鼓励、支持、接纳等方式让孩子感到有自我价值感，核心原因是父母本身的自我接纳能力匮乏，只有爱自己，内在的爱才能源源不断地溢出。

如果父母自己内在有安全感，就不会把对未来生存的恐惧和恐慌转移到孩子身上，让孩子瘦弱的肩膀上承担着无法承受之重。

如果父母本人能做到自爱，就会有充足的自我价值感，就不会有意无意地把孩子当成和别人比拼和攀比的筹码，因为自我价值感弱，所以才需要孩子给自己的脸上贴金。亲子关系中，父母特别容易把自己未实现的人生理想和遗憾寄托在孩子身上，这样做很容易发生人格的强加和侵犯，忽略了孩子本身也是一个独立的个体，而生命的精彩恰恰在于每个个体的独特性。做自己是每个生命最为基本的动力，任何人对于被强加都会出于本能地抗拒。

父母尊重自己的感受，就不会说伤害和贬低孩子的信心和自尊、让孩子无法抬头做人的话。最典型、最常见的就是拿自家孩子和别人家孩子做比较，比如邻居或是班上的同学，"你看人家谁谁谁，你看看你……"这种话最伤孩子的心，或者当着别人的面说些让孩子自惭形秽、恨不能立即钻到地缝里的话。

解决亲子关系（其他人际关系也一样），要避免在对错和非黑即白的思维定式下考虑问题。父母是把自己在被抚养过程中学习到的经验拿去抚育下一代。这里说的是要看清哪些方式是有益的、有效的，而哪些方式是无益的、无效的，用有益和有效的方式来解决问题。

归根结底，爱是一切的答案。父母要从爱自己和自我接纳做起，这样才有能力给孩子充分的爱和认可。

改变你的解读习惯

人如果自己的自我价值感弱，就会有一种下意识和几乎是本能的反应，容易把别人的话解读成是攻击、挑衅、不尊重，其实这只是在特定心态下的解读。如果本身不带着受害者心理／意识，就不会这样解读，其实别人那样说话只是他们的说话和表达方式，和我们无关。

受害者意识让人处在一种对抗和防御的心态，人为地给自己制造敌人。所以，要有意识地改变这种认为别人是在看不起、小瞧、打压、挑衅自己的解读习惯，有意识地放下受害者心理/意识。

有这种解读习惯，说明自己的内在还有提升的地方，是自己的自我价值感和安全感还不够足，所以总是觉得不安全，总是觉得别人要攻击和打击自己。如果自己能看得起自己，处在一个对自己自然确信——自信的状态，就不会这样解读，或者当这样解读时，很快就能发现，从而及时跳出来，不再自己贬低自己！

如何避免人际交往中"好得快、臭得也快"

人际交往中，有一个奇怪的现象或规律：好得快、臭得也快。究其原因，往往是有一些无意识的动机浮出水面。比如，把自我的价值感寄托在别人身上；从一开始和人交往就是带着很强烈的功利目的；和别人交往是为了谋求额外的利益或以后办事方便，等等。

这种动机不纯的人际交往，从一开始就是以牺牲自己的自我价值感为代价的，也就是说，是建立在人格不平等的基础之上的，这是人际交往中"好得快、臭得也快"的一个重要心理因素。此外，建立在利益之上的人际交往，如果别人没有满足这种预期利益的期待，或是获得利益之后，很可能就迅速翻脸不认人。

平等交往永远是健康人际关系的核心，这种平等交往主要指的是人格和内心感觉层面的，并不排斥实际生活工作中，因为分工或是职业、职位的不同而引起的职业行为。

那如何更好地建立平等交往的人际关系，避免或减少人际交往中出现"好得快、臭得也快"的现象呢？以下方法和建议可供参考使用。

第一，带着自我尊贵感和人交往。不以牺牲自己的自我价值感为代价去建立人际关系。

第二，心态上的不求。对别人不抱以过高的期待，尤其是不要把自己幸福、开心、安全感的源泉放在外面或是某个人身上，这是自己在给自己制造失望、失落乃至绝望的机会。安全感是你自己给自己的。

第三，不期待从别人那里获取额外的好处。"壁立千仞，无欲则刚。"人若总是从一开始就想着从别人身上谋求好处，除了让自己的自我价值感越来越弱，有可能做出有伤自尊之事外，还未必真能得到别人打心眼儿里真正的尊敬。不带或少带着期许，和人平等交往，反而更容易持久。

以无所求的心为人处世

以无所求的心为人处世，就是带着自我尊贵感做事。"壁立千仞，无欲则刚。"对别人抱有额外的期待，人就会露出有求于别人的不自信和恐惧，就容易把所有的宝都押在对方身上，结果可能是一场空。

对别人抱有额外的期待，别人如果没有满足这种期待，那人就有可能暴怒，把之前委曲求全压抑起来的情绪全部甚至是加倍地返还给对方，破坏人际关系。

人际关系的微妙之处在于，对方可以很敏锐地捕捉到我们散发出的信号，而给予相应的回应。从这个角度讲，人际交往是一场无形的互动。

人往往越怕什么，就越是促成什么。别人会用我们对待自己的方式来对待我们，低估和贬低自己，对方就会用低估和贬低的方式来对待我们。

以无所求的心为人处世，不是不和人交往了，也不是不可以有正常的商业往来，而指的是一种心态，从而避免由于低自尊而给自己带来不利。

建立有尊严的人际关系

健康的人际关系的核心是平等尊重。以牺牲自我价值为代价的人际关系往往不长久。

健康的人际关系是不以牺牲自我价值为代价的，带着自信、自尊，和别人平等地交往，双方在互动的过程中可以最大限度地保留自己的个性。健康的人际关系是一种双赢（或多赢）和相互滋养型的关系，双方的自信、自尊和长远利益可以得到提升和获得而不是下降和失去。大家相互支持，大家好才是真的好，而不是暗中打压，我行你不行。

人没必要屈尊做事

人没必要屈尊做事，屈尊做事是以牺牲自我价值感为代价的，会让人越来越无力。从长远来说，对自己不利。而且，人在屈尊做事时是违心的，这容易积压情绪。而情绪遵循能量守恒定律，或对内攻击自己，或对外转嫁他人，总要找到个出口，而这无疑会影响自己的状态和做事的效果，或是破坏人际关系，事与愿违。

屈尊做事,对各方来说其实是一种输而不是赢,对大家都很不利。与其这样,就不如从一开始就大大方方地做自己,带着自尊、带着自己的标准做事,让人际关系为自己加分而不是耗能。

提升你内在的力量

成功不是偶然的,有什么能量做什么事。内在的高度决定外在的成就,人生最宝贵的财富是拥有一颗强大的心。

不断地提升自己的内在,让自己的内心变得越来越有力量。这样,人就会有真正的自信、自尊和自我价值感,当这种内在力充分体现到外在时,人在交际、工作、收入等方方面面都会开始发生质的好转。比如:

原来只能想,现在敢去尝试了;

原来别人说什么都是满口答应,现在先问问自己愿不愿意,不愿意时可以很有自尊而不失礼貌地拒绝;

原来和外界的互动,总是带着很低的自我价值感,所以别人也只能给出相应的待遇,而现在自己的内心有力量了,可以更有底气和砝码，或得到更好的机会；

原来是别人和工作选你，而现在是你自己可以选人、选工作……

贫瘠的意识是如何摧毁人生的

意识贫瘠影响的可不单单是人在赚钱方面的能力，而是直接摧毁掉整棵人生大树的根基——自我价值感，进而影响人生的方方面面。

一旦意识贫瘠，人就会在内心最深处不敢相信自己是有价值的，不敢相信自己会好起来（这也是很多人生病之后好不起来的深层心理原因）。当人有了这种意识时，就会暗中坚信自己不配过上好的生活；自己的生活不可能变得丰盛起来；自己和有钱（人）无缘；自己不可能赚到钱；自己不可能享受到美好的生活；自己不配、不值得拥有美好的事物；自己配不上优秀的伴侣，等等。

总之一句话，就是见不得自己好。人不允许自己过上好的生活，潜意识里是抗拒自己享受的。表面上强烈的欲求只是一种假象：正因为潜意识里认为不是自己的，所以才需要有走火入魔般的欲求，才需要像狼一样去抢。结果是更难或更加得不到，或者累死累活地得到了，身体也快玩儿完了。如果本来就认为是自己的，就不需要有那么强烈的欲求。

内在的意识一旦贫瘠，必然反映到外在生活的方方面面：找工作不敢找好的；不敢要高的薪水和报酬（即使口头上敢要，因为内心的自我价值感并不支持，所以也很难实现）；找对象专找不让自己自卑的，找各种理由说服自己秒杀自己真正心仪的人；看见有可能是自己的贵人的人如权威人物，快闪和躲避，生怕被看上和重用；在和人交往时，自我价值感很低、自卑……

总之，人一旦意识贫瘠，就会下意识地、无意识地采取自我破坏、自我贬低和自我枪毙行为，自己不支持自己，生怕自己好起来，其实不是生活不给人机会，生活给了每个人机会，只是这机会都被自己贫瘠的意识挡出去了。

第四篇　爱别人的能力源于爱自己的能力

爱自己不是自私

一提爱自己,人会立即条件反射般地认为:这难道不是自私吗?!丧失爱自己的能力,并且把爱自己当成自私,这无疑是最为悲催的,由此引发的后果是极其严重的。

因为没能照顾好自己,人会把没照顾好自己的责任及由此引发的负面情绪转嫁给别人,揪住别人不放,尤其是身边的人,这是家人、伴侣等亲密关系之间为什么关系越近、情感伤害反而越深的原因。

因为不支持自己活得精彩,人会"羡慕嫉妒恨"别人,给别人泼冷水,甚至打压别人的梦想。看到别人比自己强心里很难受,看到别人倒霉反而会有一种莫名其妙的快感。

一个人和自己的关系决定了他和外界所有的关系。一个恨自己、内心充满冲突的人必然会向外界投射更多的恨和冲突,而一个内心充满爱的人更容易传递出更多的爱与平和。

真正的爱自己会让人具有共情的能力,这是与人交往的情商所在。只有尊重自己的人,才会懂得尊重别人;只有尊重自己感受的人,才能更好地尊重别人的感受。

悦己才能悦人

一直以来，我们有一个误区：维护好人际关系必须靠隐忍、靠牺牲自己的利益。然而事实是，在没有做到悦己的情况下，实难做到悦人。

因为没能悦己，人会把没有照顾好自己的责任及由此引发的负面情绪转嫁给别人，尤其是身边的人，这也是家人、伴侣之间情感关系越近、情感伤害反而越深的最主要原因。

因为没能悦己，以牺牲自己的真实感受为代价，长时间为别人违心做事，内心会经常处在矛盾与冲突中，甚至需要通过不停地给自己讲大道理，来强压住自己，保证情绪不会随时反弹。但有意思的是，人往往越强压什么，意识反而越聚焦在什么之上。

在表面和风细雨的背后，是人各种心思的暗算与暗斗，压制自己的真实情感，反而把人逼成了小人和伪君子。

因为没能悦己，人长时间生活在隐忍之中，承受了许多根本不必要也莫须有的情感伤害，这是导致身体患上各种疑难杂症甚至是绝症的深层心理原因。

好的人际关系必然是以关注和尊重自己的真实情感和感受为基础的，因为真实，所以长久。真正的悦己会让人具有共情的能力，这是与人交往的情商所在，只有尊重自己的人才更懂得尊重别人，才更能知道别人真正需要什么，不会费了力还不讨好，因而更有能力建立起高品质的人际关系。

高品质的人际关系中没有牺牲

在高品质的人际关系中没有牺牲。以牺牲自己真实感受为代价建立起来的人际关系，很容易出问题，因为一个人长时期违心做事，不可能不在自己言行中的细微之处流露出不满和怨气，而对方是可以感知到的，长此以往，对双方来说其实都是一种情感上的伤害。

以牺牲自己的真实感受为代价，来换取人际关系的稳定，反而会加速破坏人际关系的健康发展。

高品质的人际关系必然以关注和尊重自己的真实感受为基础，是真情实感的自然流露，因为真实，所以长久。高品质的人际关系，也一定是可以互利共赢、相互滋养，能为彼此的生活加分而不是耗能。

真正的情商源于尊重自己的感受

真正的情商源于尊重自己的感受。不了解自己的感受，或知道自己的感受而不顾、用大道理强压等，都不会产生真正的高情商。只有和自己的心先建立起连接，才有能力和别人用心沟通。

情商不是讲大道理。讲大道理，会加速自身的抑郁（抑郁的本质是长时间用大道理强压自己的真实感受），还会把积压的情绪、怨气转嫁给身边的人。情绪也遵循宇宙的基本定律——能量守恒法则：被压制的情绪最终总要找个出口。

不尊重自己的感受，很难真正关心到别人的"点儿"上，费了力还不讨好，如果再激起别人的反感，那更是起不到好效果。所以，想要拥有高情商，先要学会尊重自己的感受。

情商源于让自己舒服的能力

情商源于让自己舒服的能力。人只有有能力让自己舒服,才有能力让别人舒服。人把自己照顾好,情绪就能处在一个最佳的状态,从而和别人良性沟通,不把属于自己的情绪和怨气带给别人。

爱好自己,人才有能力给别人真正的爱、高品质的爱,这种爱更多的是由心而发的,而且更持久,也让人更舒服。

人只有把自己照顾好,才能处在一个情绪平稳平和的状态,让身边的人感到放松,而不是感到焦躁、被控制、被胁迫,甚至随时会有被侵犯的感觉。

照顾好自己,人的内心就不会痛苦,就会真心希望别人好,看到别人好,自己是开心和愉悦的,而不是羡慕嫉妒恨。

爱上别人之前先要爱上自己

爱别人的能力源于爱自己的能力,爱上别人之前先要爱上自己。爱好自己,让自己的心中充满爱,爱自然会溢出,可以更好地爱别人。没爱好自己，心里就会有一个巨大的爱的黑洞，然后从别人身上索取爱，直到把对方吸干、榨尽或是吓跑。

爱好自己，人就会有独处的能力，不容易在自我迷失和迷茫的状态下去寻找爱，而会吸引来更健康的人，避免无谓的试错和伤害；爱好自己，就不容易向别人尤其是身边的人发泄和转嫁自己的痛苦情绪，最大限度地避免了彼此伤害。

高品质的爱不是用来解决自身爱的匮乏的，只有先爱好自己，在爱上别人之前有效解决爱自己的问题，才有能力更好地爱别人，谈更高质量的情，恋更高质量的爱。

真爱的能力源自哪里

真爱的能力源自哪里？

首先，真爱的能力源自爱自己的能力。一个人在短时间内，可能可以为别人付出很多，但从长远来说，一个人爱别人的能力很难超出爱自己的能力。这就像一个杯子只有本身装满水，水才有可能溢出一样，只有自己里边有爱，爱才有可能溢出来。

其次，人在没有情绪、没有恐惧的时候才会真爱。

爱是一种能力，而不只是说说而已。谁都知道要和善、要友爱，但当人情绪很大、怒从心起的时候，哪顾得上这些大道理，早就被情绪冲到九霄云外去了。

真爱无惧，恐惧会影响人爱的能力。恐惧和爱是两极，二者是有你没我、有我没你的关系。

只有坚持清理情绪，坚持爱自己，爱的能力才能从根源上得到修复和稳固，并且持续上升。

爱自己和自私的区别

爱自己和自私截然不同，
自私恰恰是不爱自己的结果。
只有爱自己的人才懂得尊重别人，
因为他们尊重自己。
知道自己感受的人，
才能更好地知道别人的感受。
而不爱自己的人，
根本就不知道感受为何物，
怎么去尊重别人的感受！

爱自己的人用心和别人交流,

因为他们对自己用心,

知道别人心里想什么。

不爱自己的人,

用技巧和技术与人交流,

因为他们只剩下可怜的大脑。

爱自己的人心里充裕,

因为他们心里充满爱,

更容易把这种充裕扩展为大爱,

让靠近的人都受益。

而不爱自己的人,

心里满是贫瘠和疮痍,

人不可能期待在贫瘠的土地上长出丰硕的果实。

爱自己的人因为有爱,

更有付出和给予的意识。

而不爱自己的人因为贫瘠,

更多的想得到。

爱自己的人,

内心平和,

带给外界更多的平和。

不爱自己的人,

心里折腾,

带给外界更多的闹心。

爱自己和自私的区别是：

爱自己的人因为爱自己而变得更有爱，

最终把爱传出去；

不爱自己的人因为不爱自己而缺乏爱，

只能变得越来越"自私"。

找到心爱的人和工作之前，先要找回自己

找到心爱的人和工作之前，先要找回自己。处在自我迷失的状态，人根本不清楚自己真正想要什么，大量的时间、精力用在了做实验和试错上。不停地碰壁和受挫之后，人的能量、勇气基本消耗殆尽，很难再去尝试。

处在自我迷失的状态，人也是自卑、不自信和自我怀疑的，内心深处并不敢相信好事儿会发生在自己身上。即使有好的机会出现，潜意识也会在第一时间自动弹出一大堆堂而皇之的合理化理由将其秒杀。每个人最终能得到的，是他潜意识中（内心深处）相信自己配得到的。

不从外面寻找爱和认可

人们已经习惯于从外面、从别人那里去获取爱和认可，想当然地以为爱和认可是在外面的某个地方、某个人那里。

这事琢磨起来真的很诡异：人不稀罕自己，等着别人来稀罕；不心疼自己，等着别人来心疼；不喜欢自己，等着别人来喜欢。换位思考一下，你愿意和这样的人在一起吗？！

人们从未想过一个更基本、更根本的问题：爱的源头到底在哪里？没搞清楚这个问题，人很容易带着低自尊、带着对爱深深的匮乏感去和人交往，潜意识里不停地想要从别人那里获得认可。有人点赞就开心，没人点赞就郁闷，心情每天不停地经历着从希望到失望再到绝望的过山车，自己的心情永远被外在所左右。

爱的源头不在别处，就在你自己的心里。自己给足自己认可，人就不会带着饥渴感去和人交往，从而把别人吓跑；自己给足自己认可，人就不会把自我存在的价值感寄托在别人阴晴不定的脸上；自己给足自己认可，人就会有真正的自信、自尊和自我价值感；自己给足自己认可，人就会在与人交往时带着自我尊贵感，从而得到别人的尊重；自己给足自己认可，人就会看起来稳重，不会像浮萍一样随波逐流没有根。

和别人谈恋爱之前先和自己好好谈场恋爱

和别人相爱的能力源于和自己相爱的能力，爱别人的能力源于爱自己的能力，和别人谈恋爱之前先和自己好好谈场恋爱。

自我关系的质量决定所有外在关系的品质。和别人相处的能力，源于和自己独处的能力；感受别人真实感受的能力源于感受自己内心的能力；陪伴别人的能力源于陪伴自己的能力。如果和自己待着都烦，那和别人待的时间长了同样会烦。

爱情不只是打发寂寞和解决独处障碍的消遣品，谈恋爱之初之所以有激情，很大程度上是荷尔蒙的作用，等激情退去，原来在自我关系中存在的问题都将在亲密关系中淋漓尽致地呈现出来。而且，在亲密关系中，因为最大限度地卸除了人格面具，更容易暴露自己真实的情绪状态，所以，关系越近，情感伤害反而越深。

归根结底，爱是一种能力。爱的本质是分享和给予，心中有爱的人走到一起来分享爱。高品质的爱不是用来发泄和转嫁自己的痛苦情绪，把对方当成发脾气用的撒气桶。只有先有效解决爱自己的问题，才能和别人更好地谈恋爱。

照顾好自己是照顾好他人的前提

人只有先照顾好自己，才有能力照顾他人。带着满腔的委屈、怨气去照顾别人，别人是可以觉察到这种心态的，受了累还未必讨好，别人也不领情。

只有先照顾好自己，让自己处在一个心情舒畅、充满爱的状态，才能由衷地、发自内心地照顾别人。人只有自己真开心，才能给别人真笑脸，而不是心里很苦、脸上强挤欢颜。

以牺牲自己的身体健康为代价去照顾别人，尤为不可取。这对双方来说，是一种双输而不是双赢的行为。一方面，以伤害自己身心为代价的付出，只有自己最清楚，而别人还以为自己挺好。

另一方面，因为为别人付出，而把自己的身体搞坏，这种付出会带给别人负疚感和亏欠感。本来是好事，结果双方的心里都打了结，反而影响健康人际关系的可持续性发展。

为自己活

人痛苦是因为成天活在外在标准的对与错、应该不应该之中，而不是为自己活。逼自己的后果，就是让自己的心越来越扭曲、变形，更容易抑郁。

为自己活，人才能活得自然、真实，所言所行由衷而发，没有伪善。人只有自己真开心，才能给别人真笑脸，而不是强作欢颜式的皮笑肉不笑。

而一个爱自己、为自己活的人，因为心情舒畅，更容易推己及人，把心中的爱和满满的正能量分享给别人。

为什么忍不是好办法？

忍并不是好办法，忍的背后是一大堆需要浮出水面、认认真真面对的情绪。情绪得不到彻底解决，忍并不能解决根本问题。

首先，忍会让人承受没有必要的情感伤害，这是造成身体各种绝症和疑难杂症的深层心理原因。

其次，忍容易把深层的矛盾掩盖起来，造成人与人之间更深的误会与隔阂，更隐形地破坏人际关系，和忍的初衷相悖。很多时候，人与人之间问题的解决，其实只需要一个坦诚、坦率的沟通。而忍容易造成伪君子和二皮脸的现象：在表面和风细雨的背后，往往是各种心机的暗算和暗斗，压抑情绪反而把人逼成了小人。

最后，忍造成大量的内耗或情绪的转嫁。一方面，人在强压自己的过程中，需要耗费额外的能量，发动内部战争，导致内在的冲突和自我的分裂。另一方面是情绪的转嫁，对外人极其容忍的人，往往对自己的家人或身边的人极其残酷，把压抑的情绪全都带回到亲密关系里。

只有接受自己真实的感受，才能化解掉这种感受；只有接受自己真实的情绪，不对内打压或对外发泄，这股压抑的情绪能量才能自行消解。只有自己的内在"风调雨顺"，外在的关系才能持久。

为什么关系越近，情感伤害反而越深

在人际关系尤其是亲密关系中，有一个非常奇怪的现象：关系越近，情感伤害反而越深。

究其原因，在亲密关系中，各方将人格面具最大化地摘除。大家在外面都装好人，把最好的一面展现给别人，把气全都带回家、带到亲密关系中撒，在亲人、家人、伴侣、亲子关系中毫无顾忌地发泄和转嫁着自己的情绪。

爱自己的能力匮乏，有一个巨大的、深不见底的爱的黑洞，不停地向外面索取爱。看似给别人爱的背后，其实在潜意识里是想要营造一种你欠我的——道义上居高临下的优越感——因为你欠我的，所以你必须听我的。这一点因为亲密关系的特殊性，会表现得更为突出。

亲密关系中带着自我牺牲式的付出，对别人来说，其实是一种潜在的情感勒索。一方面，在违心做事的同时，积累的是不断的怨言和抱怨，这些怨言和抱怨最终会通过各种有意无意的方式返还给对方，或是发泄和转嫁给身边其他的人，一点都不多，一点都不少，情绪也同样遵循能量守恒定律。

另一方面，自我牺牲的背后是很高的期待，当受益的一方没能够满足付出的一方的这种高期待时，付出方往往会恼羞成怒，把所有压抑的火全都发出来。亲密关系中有一些非常可怕的潜意识：因为你欠我的，所以你痛苦、你倒霉、你活该，你活该受到惩罚；我的开心要由你来负责；不能看到对方好，看见对方好、开心，就立即想要通过言语打压等方式，把对方拉下来；甚至看到对方痛苦，会有一种莫名其妙的快感，等等。潜意识里总想惩罚和压制着对方，搞得亲密关系就像是筐里的螃蟹，谁都别想出来！

这些深层的心理机制，是导致关系越近、情感伤害反而越深这一悖论的最主要原因。

恋爱择偶中如何预防日后婚变的风险

在恋爱择偶中，通过对自己和对方的了解，尤其是熟悉心理因素的影响，可以最大限度地避免和减少以后婚变的风险。

首先最需要确定的是动机，动机直接影响事情的结果。影响人找到优秀伴侣的第一大心理因素，就是我不值、我不配的负面潜意识。如果人内心的自我价值感低，在遇到真正心仪的人时就会编造出一大堆貌似合理的理由，来秒杀自己的心愿，自动绕开心仪的对象，而专去找比自己弱的、不让自己感到自卑的对象以保持心理优位；或是在与心仪的人相处过程中莫名其妙地说或做一些自我破坏的话或行为，自己坏自己的好事，提前结束关系。

在自我价值感低的驱使下，没有给自己充分的时间去了解和沉淀，就在仓促之中将就找了对象，当时也许没有意识到，等自己回过神来，心里可能会时不时地冒出不甘心的想法，一遇到刺激，就容易摇摆和动摇，这种心态无疑会影响现有情感关系的品质和稳定。

人与人之间的充分了解和相处是必要的，很多时候，一见钟情只是双方潜意识的合套。所谓的缘分，其实是男女双方在各自潜意识和荷尔蒙的驱动下一时间的错觉，这时看到的并不是对方真实的存在，而只是自己内心投射出的一个幻象（理想原型）。尤其是第一印象中外貌的吸引有时会让人看走眼、判断失误，随着进一步的了解，最开始的印象可能会发生变化，甚至大相径庭或是完全相反。

人们在找对象时往往关心的是对方有没有房、有没有车，收入、什么工作、长得怎么样，等等，很少有人去关注对方的心理健康水平怎么样。其实，在恋爱择偶中，心理健康水平是更值得关注的因素，这直接关系到以后双方的相处和婚姻的幸福。

自我价值感低还会造成另外一种现象，即在婚恋中过多掺入功利的考量，如是为了摆脱现有的身份而平步青云，跻身上流社会，或是为了对事业有帮助而攀高枝等，不是说在婚恋中不可以考虑这些因素，而是要确定主要的动机是什么，自我价值感是内在的事情，不见得会随着外在的改变而改变。

"如人饮水，冷暖自知"，内心的感受只有自己最清楚。动机太过复杂或是缺乏感情基础，容易导致情感需求在婚姻中得不到满足，为以后的婚变（婚外情、婚外性等）埋下隐患。毕竟，任何人际关系最终都是一场精神上的门当户对。

在恋爱择偶中，防止出现上述现象的最好保障就是自我诚实、自己不欺骗自己，自己对自己的内心和真实动机要有清晰的把握，不违心。防止因为自我价值感弱等因素，把同情、怜悯、感激等非爱情的感情误当成爱情，结果可能会伤到双方。或是由于自身缺乏安全感，试图通过性、结婚、生小孩等来套住对方和加固、加强关系，结果可能是怕什么，来什么，最终反而出现自己最不愿看到的结局，因为恐惧只能制造出更多的恐惧。

另外一个影响婚恋关系品质的重要因素是，爱自己和自我接纳能力的高低。爱自己这一能力的匮乏，会影响情感关系的细水长流和稳定健康发展。恋爱中最常见的现象是一开始甜如蜜，等蜜月期一过就开始又打又掐。归根结底，爱别人的能力源于爱自己的能力，陪伴别人的能力源于陪伴自己的能力。如果和自己在一起都烦，那和别人在一起时间长了也会矛盾不断。人和他人的关系最终都是自我关系的投射。

爱的本质是分享，而不是带着对爱的深深的匮乏感从一个深不见底的爱的黑洞，去到外面寻求爱。爱情是两个心中有爱的人走到一起来分享爱，而不是一个开心的人去拯救另一个不开心的人。如果一个人找对象的动机是为了解脱痛苦，那你最好远离，因为爱情不是救命稻草，爱情也好，婚姻也罢，从本质上说是锦上添花而不是雪中送炭。对爱情和婚姻应抱有合理的期待，不要让爱情和婚姻承受额外的无法承受之重。

第五篇　无条件地爱上你自己

真正的成功取决于能否接纳自己无能

每个人都容易接纳风光的自己,而看不上、讨厌无能的自己,对内心更为真实的自己不屑一顾。

成功被过多赋予外在的着色,主要是给别人看,但其实内心幸不幸福只有自己最清楚。真正的成功首先是一种内在的状态,是一个自我接纳、自我和谐而非自我排斥的状态。

所谓内圣外王,内圣是因为自我接纳,所以有充足的自我价值感,不需要外在的确认,因此在与人交往时带着真正的自信、自尊、自我尊贵,带着本身即是圆满的感觉为人处世。而不是由于自我不接纳、自我价值感低,带着深深的匮乏感与人交往,希冀通过抓住外面的一个人或是什么东西,或一直寻求外在的认可来实现自身的圆满。这种心态很像是要"咬"下别人的一块肉,很容易在无意之中就把人吓跑。

真正的成功,取决于能否接纳自己最惨不忍睹的一面;真正的成功,始于自我接纳。

越是困难的时候,越是要爱自己

人越是在困难的时候,越是要爱自己。因为在顺利的时候,怎么样都好过/好活,恰恰是在困难或窘迫的时候,才能真正检验出一个人是不是真的爱自己,以及爱自己的能力到底如何。

往往人在攻坚和克难的时候,也正是最需要能量和给养的时候。但往往这时候,人还越容易"克扣"自己、再逼自己坚强一把,甚至骂自己无用、辱自己无能。不给牛吃草,还要牛产更多的奶,这无疑会伤到身体。从长远来说,这是一种很自伤和以后看起来会很不划算的行为。

养兵千日,用兵一时,困难的时候正是最需要好好爱自己的时候。没有困难时候能量的厚积,就不会有以后的薄发;没有困难时候的好好爱自己,就没有冲破黎明前黑暗的机会。没有困难时候的好好爱自己,就可能有"出师未捷身先死"的悲剧性结局。

你越恨自己，人生就越灰暗

你越恨自己，人生就越灰暗；

放自己一马，人生才能向前。

你越和自己较劲，就越沉溺其中出不去；

你开始爱自己，才能走上良性循环。

你越苛责自己，能量就越低迷；

对自己好一些，身体才会有力。

你不放过自己，就越走不上正轨；

你对自己温柔包容些，自我调整能力自会引导你。

爱自己不能等

爱自己不能等，如果按人通常的逻辑，是等不到爱自己的那一天的，如果真有那一天的话，人也差不多"到点儿"了。

人通常的逻辑是：等我有了什么什么之后，我就会爱自己；等我达到什么什么条件，我才有资格爱自己。这恰恰是不爱自己的表现。真正的爱自己是不设条件的、无条件的，人在好过的时候，怎么样都好活，恰恰是在不好过/不好活的时候，才需要爱自己。

爱自己是一种能力。现在不会爱自己，以后也不会爱自己。现在不培养爱自己的能力，指望以后天上掉馅饼，"咔嚓"一下，一个没能力爱自己的人突然就会爱自己了，这显然是一种异想天开的想法，是在自己骗自己。

无条件地爱上现在的你

人要无条件地爱上现在的自己。给爱自己设定条件，觉得现在的自己还配不上爱，只有等到拥有了什么，比如学历、财富、地位等之后，才值得爱、才有资格被爱，这是自己在给自己制造心理危机，是主动把自己设置在受害者的地位。

给爱自己设定条件，就相当于你把自己值得被爱的资本放在了外面，而其实你自己才是你最大的资本。

给爱自己设定条件，就相当于你把幸福的源泉永远寄托在外在和未来。

给爱自己设定条件，就无法活在当下。你会错失掉当下自己最为美好的年华，其实只有当下的自己是最真实的，而你却错过了真实的自己，活在一场空幻之中！

怎样才能爱自己？

经常有人问，怎样才能爱自己？毕竟爱自己是一个很宽泛、很抽象的口号，而落不了地的东西很容易成为"假大空"。

其实，在生活中实践爱自己最方便和最简单的方法，就是和自己的感觉在一起。和自己真实的感觉在一起，无条件地接受自己的感觉，这就是爱自己。

只有无条件地接受自己的感觉，你才能释放掉那些不想要的感觉，诸如愤怒、悲伤等。你越是讨厌一个东西，这个东西就越是纠缠着你不放。

接受自己的感觉，是开启自我疗愈的捷径。用大道理强压自己的真实感觉，这是造成人走不出痛苦的根本原因，也是导致人产生抑郁等情绪问题的心理根源。只有无条件地接受自己的感觉，给予自己无条件的情感支持，人才能重新恢复鲜活的生命力。

和自己的真实感觉在一起，你就能自我调节和自我超越，人一旦自己感觉好了，也会让身边的人舒服，否则就浑身带刺，谁碰了谁难受。

爱自己让人变得越来越稳重

稳重不是靠咬牙切齿刻意装出来或控制出来的，而是因为内在有充足的自我价值感，不需要左顾右盼，去从别人的脸色、表情或别人的言谈举止、反应上捕捉蛛丝马迹，来证明自己存在的价值。因此，人处在一个重心感的状态，所以显得稳重。

人如果缺乏自我价值感，就会是一个坐不住的状态，总是看这个的脸色、看那个的反应，生怕这个不高兴、那个对自己有意见："我又做错什么了？他/她怎么又不高兴了！"注意力一直放在外面，意识收不回自身，环顾左右，总是想要迎合和讨好别人。

而爱自己会让人变得越来越自足，不再把自我价值感寄托在外面，人开始恢复自信，内心变得有力量，不再总是被外在的评价或一丁点儿的风吹草动所影响和左右，人自然会稳重。

爱自己让人越来越自如

人怎么样可以表现得越来越自如呢？那就是通过爱自己。

爱自己，首先会让人减少内耗，不再把时间、精力浪费、耗在自己和自己较劲上，因为没有了人为的阻力，所以行动会变得更加自然流畅。

其次，爱自己让人不再把目光聚集在别人的反应上，而是把意识收回自心，因为少了分心，人反而能更多本色出演。当人不在意、不在乎或对外不抱以什么期待时，其表现往往是最好的。

在这种自如的状态下，人的那股天然/自然的自信出来了，动作往往如行云流水。

所以，想要自己越来越自如，不是向外去用力，从外在、在技术和技巧上花心思，而是向内好好地爱自己。爱自己，人就会恢复重心感，意识不再向外游离，变得越来越自信，人就能表现得越来越自如，因为此时的你才是更接近真的你，而不是别人眼中的你。

爱自己就是为自己减负

爱自己就是为自己减负，减轻负担，怎么省事怎么来。

怎么省事怎么来，并不是说不认真做事了，而是说，人如果不爱自己，就会自己和自己较劲，死磕自己，咬牙切齿逼自己坚强，非要逼自己喜欢上自己并不喜欢做的事，非要逼自己用自己其实并不喜欢甚至是很讨厌的方式去工作，人为地给自己制造很多痛苦和弯路。

因为里边内耗大，所以表现在外在，就是怎么费事怎么来，做个事特费劲，能量很多都内耗掉了。其实耗能的还不是做事，人觉得累，是因为自己和自己较劲较得累，不是生活太耗能，是人的内耗太大了。

人如果没有内耗，做事会顺畅很多，做事的过程也会节能很多，因为没有了自己和自己较劲、自己和自己过不去而造成的人为阻力。人变得自我支持了，也会有力量开始行使自己的选择权，去选择自己擅长的事和喜欢的事，或是变换工作环境，选择更有利于自己的工作和生活方式，等等。

总之，人一旦开始爱自己了，就会自然地往健康的方向调整，负重自然会减下来，因为绝大多数时候的负重、负担是由于人不爱自己而人为造成的。

在爱自己的框架下解决问题

人一定要在爱自己的框架下解决问题，只有在爱自己和自我接纳的前提下，人才能一直往前走。否则，人就把能量都消耗在了自我冲突和较劲所形成的人为阻力上。而如果爱自己，这部分能量损耗是可以避免掉的。

在爱自己的框架下，人就不至于太苛求自己，正因为不苛求自己，反而有更多的机会去尝试，在尝试中成长。人在尝试的过程中可以不断地总结积累经验，在自我接纳中调整自己。不至于因为不爱自己，而在自我冲突中不停地纠结、内耗，停滞不前，贻误了时机，耽误成长。

爱自己之歌

从今天起，我决定，
不再和自己作对。
从今天起，我决定，
不再对自己有一丝一毫的打压，

全力支持自己的梦想,

不再自我破坏,

不再自我诋毁。

从今天起,我决定,

无条件地爱自己,

爱自己的全部,

而非理想中的那个更好的自己。

我爱自己,

无须理由;

我爱自己,

每分每秒。

当我全然地爱自己、支持自己的时候,

我发现我的心中充满了爱意。

这股爱会自然地溢出,

去更好地爱别人、爱世界。

当我全然地爱自己、支持自己的时候,

我发现我的心安静了下来。

整个世界变得更美……

爱自己让人生走上良性循环

人在没有爱自己之前，满脑子尽是别人告诉自己应该怎么做，没有自己的东西，离自己的心声越来越远，直到彻底听不到自己内心的声音。

这种生活方式可以称之为是向外或是外求的人生模式，即目光一直都是冲外，一直都处在一个讨好别人、看别人的脸色行事的状态，而置自己的心和真实感受于不顾。在这种状态下，人活得会越来越没有心气儿，因为自己的需求从来都不被满足，从来都是被忽略、被抛在一边的，在自己的需求和感受都得不到支持的情况下，人自然会觉得活着没劲。

而照顾好自己的需求、照顾好自己的感受，支持自己，人就会觉得生活越来越美好。感受到生活原来可以这么美，是因为自己的需求和心声都得到了很好的支持和满足。在这种心境下，人当然更有动力去好好生活，也更能给别人高品质的爱。

有一个人你要对她／他好一些

有一个人,你要对她／他好一些。
这么多年,
她／他一直跟着你摸爬滚打,没日没夜,毫无怨言。
而你却从未说过一句感谢,
在她／他受伤时,
不是轻声安慰,
而是反插一刀,
怪她／他没出息,
骂她／他不争气,
逼着她／他负重前行,
伤痕累累。
这个人就是你,
从现在起对这个人好一些,
只有她／他才能陪你到永远,
不要再逼她／他,不要再骂她／他,
该放的时候放过她／他。
这个人不容易,
好好珍惜她／他,
好好守护她／他。

情绪大是因为不爱自己

一个人情绪大，往往是因为不爱自己，越是不爱自己，就越是情绪大。情绪大，说白了就是没好气，一个人不爱自己，哪来的好气。

好气源于内心的舒坦，源于内心的和谐，人不爱自己，内心就像个战场，整天硝烟弥漫，自己和自己打架，自我冲突与分裂，这是产生情绪的主要来源。

人只有爱自己，爱护自己的身体，呵护自己的感受，内心才能柔化和融化，没有冲突，处在一个和谐的状态，才能有好气，才能让身边的人舒服。

情绪的背后是自己恨自己

情绪久久逗留不去的一个很重要的原因，是自己恨自己、自己讨厌自己，比如讨厌自己身上有某种特质，讨厌自己小气、不会和人交际等。人有一种秘密的心理机制，好像讨厌自己就能使自己变得更好一样，越是讨厌自己，就越是显得自己上进。

结果恰恰相反，正是因为深层地讨厌自己，不愿意放过自己，才导致人沉陷在情绪中出不去。

只有深刻地看到这一点，人才能从这一无意识的怪圈中跳出。你越是讨厌自己，就越是抓住自己不放；你越是讨厌自己，就越是聚焦和附着在自己的缺点上无法脱身；你越是恨自己什么，就越是黏在什么之上！

你越是恨自己，情绪就会越大。

放下改造自己

放下改造自己，你才能变得更好；

放下改造自己，人才不会再和自己较劲；

放下改造自己，你才不会有那么大的情绪；

放下改造自己，人才能从内战和内耗中解放出来；

放下改造自己，你才不会生活在无尽的恨与罪之中；

放下改造自己，内心才会变得柔软放松；

放下改造自己，人的内心才能恢复平静；

放下改造自己，你将不再生活在冲突之中。

看看你身上有没有自毁倾向

看看你身上有没有自毁倾向,如果有的话,别让它影响你的下半生。

所谓自毁倾向,就是指那些会摧毁和扼杀人的生命活力,让人的能量越来越低的心理倾向和固习,如:

自己不喜欢自己,自己讨厌自己;

特别容易自责,经常自己和自己较劲;

道德洁癖,过了头地追求完美主义,一点小事就揪住自己不放;

不停地指责自己、反省自己直到抑郁;

时不时地被犯错感所侵袭;

自我价值感低;

自我不支持,自己不支持自己的梦想;

凡事总是从负面、从失败的角度看,还没有开始就已经做好失败的准备;

自己打击自己,自己往下拉自己;

不给自己机会;

打压自己,不允许自己开心;

……

是什么让你越来越倒霉

自责是一种非常基底性的情绪，几乎在所有情绪的底部都可以发现自责的身影。自责就像是多米诺骨牌中的第一张牌，一旦推倒，会引发出一连串更加让人自责的情绪和事件。

自责大的话，人会被自己对自己的铺天盖地的愤怒所笼罩，成天自己和自己过不去，不管做什么都感觉不对，总有犯错感。

正是自责，让人越来越倒霉。自责驱使着人不断地采取自我破坏行为，自己坏自己的好事，关键时刻总掉链子，自己拖自己的后腿。

第六篇　让你的感觉好起来

切莫相信在感觉不好时的想法

人的心理是有规律的,其实我们平时只要去注意观察和总结,就能发现一套适合自己的心理规律和方法,你可以成为自己的心理学家,最好的心理学就在日常生活之中。

比如,人在感觉不好时的想法,最好不要相信,尤其是关于自我的认知。因为人在感觉不好的时候,对自己全是悲观、消极和失望的判断,甚至会把自己往死里贬,全盘抹杀,整个人的能量和状态是整体下倾的。

如果人相信了这时候的想法,就可能走下坡路。要知道,这时候你只是感觉不好而已,等你感觉好了以后,就不会这么看问题。所以,在自己感觉不好时,最好别做重大决定,等心稳了再说。

做让自己感觉好的事

在心理疗愈中,尤其是在初期,有一个非常重要的原则:就是要做让自己感觉好的事,接触让自己感觉好的人和环境,远离让自己感觉不好的人和环境。

每个人和环境都带着相应的气场,好的气场能支持人的生命力,而不是破坏人的生命力,让人的能量越来越低。

和感觉好的人或环境接触,人可以很明显地感觉到整个人的身心状态一下子好很多,充满了力量和信心,变得积极、阳光、乐观、自信起来。人之所以要和感觉好的人或环境持续接触,就是要确保自己的能量一直上浮、越来越高。

人之所以要远离感觉不好的人和环境,是因为只要一碰这个气场,整个人的状态立即会受到影响,能量被拉低。总是和这样的人或环境接触,会让人遭受打击,产生很多的负面情绪,开始变得不自信、更加怀疑自己,甚至抑郁,一直萎靡不振,走下坡路。

所以,如果你的感觉一直低沉,能量一直上不去,请检视一下你交往的人或周围的环境,必要时予以及时调整,选择那些能给你推动力而不是往下拉你的人和环境。先让自己的感觉好起来,你才有能力帮助别人。

感觉好，感觉更好

人要进入一个"感觉好，感觉更好"的良性循环，让自己进入一个"感觉好"促进另一个"感觉更好"、层层递进不断上升的良性态势。

以下方法和建议有助于你进入"感觉好，感觉更好"的循环：

第一，不以牺牲自己的自我价值感为代价做事，不违背本心做事，不屈尊做事，不为短暂利益而牺牲自己长远和更大的利益，不背叛自己的内心。

第二，接触让自己感觉好的人和环境，远离让自己感觉不好的人或环境，做让自己开心的事。这一点在心理疗愈中非常重要，人是不可以一边让自己受着伤害而一边接受治愈的，就像人不可以一边感染着病毒，而一边打着点滴一样，这是救不过来的，效果全中和掉了，再好的医师也回天乏术。

第三，支持自己有好的感受，允许自己有好的感受，不打击和打压自己有好的感受。自己不和自己过不去。

第四，在"感觉好"时候的自我判断和"感觉不好"时的自我判断之间，选择相信感觉好时的判断，这更接近于真。形成看问题的新习惯。

第五, 一旦开始出现"感觉好，感觉更好"的趋向时，不管中间出现什么波折，一定要坚持。新旧模式发生交替转换时，旧模式一定会疯狂反扑，但每一次的反扑都意味着你更击中了问题的痛点，命中了旧模式的靶心。正因为击中了痛点，所以才会有大的反扑。

每一次的反扑都意味着你工作的成效和有效性，每一次的反扑都意味着你更接近于胜利。这一点要有清醒的认识和心理准备，反扑意味着你离胜利不远了。否则就可能被假象所误导，走了回头路。不管出现什么情况，坚定不移地坚持大方向，直到"感觉好，感觉更好"越来越占据主导地位，越来越成为你主导性的心理倾向。

把你的那些放不下制定成目标

影响人制定目标和实施目标的最主要障碍就是恐惧。所以，在生活里，让自己变得越来越有力的方法就是：定目标、清理恐惧。

人的那些放不下其实都可以转化成目标，通过清理恐惧让这些目标变成现实，这样人才能真正放下。否则，人始终处在一种强求自己放下但又不甘心的纠结状态，反而更损耗能量和浪费时间，这些能量拿去做事的话，早就成了。不能把放不下制定成目标，其实就是因为恐惧和自我不支持。

恐惧当中有一个非常核心的因素是自我不支持，所以，想要清理恐惧，让放不下变成现实，就要提升自我支持度。人只有自己支持自己，敢于去制定和实现自己的目标（梦想），才不会有那么多的放不下。

放下绝不是因为恐惧

放下很容易又成为一种新的执念，看看你的放下背后有没有恐惧？

如果是因为恐惧而放下的话，那人是绝不会甘心的。出于恐惧的放下，会成为对人生命力的打压，时间长了让人进入慢性抑郁。很多人处在一种无力的状态，其实是因为恐惧。

真正的放下绝不是因为恐惧，真正的放下更不是无奈；真正的放下不是出于自我打压，真正的放下也不是因为自我不支持。

真正的放下，是要放下心中所有的恐惧。

真正的放下是放下实现目标的障碍

真正的放下不是什么都不做了,也不是放下自己的目标,而是放下实现目标的障碍。

那种强求自己放下一切,又会成为一种新的更加束缚人的执念,对放下的放不下。而这背后往往是恐惧,做事的恐惧。强求自己放下的结果是,容易让人陷入自我打压甚至是慢性抑郁的状态。何谓慢性抑郁,就是并没有到不能工作或是不想活的境地,但就是没劲,没有力量,没有精气神儿,整个人缺乏活力和生命力。

而这背后的最大原因就是恐惧,恐惧会让人找一个非常好的理由或是托词——放下。这里的放下成了一个更加"高大上"和更具迷惑性的包装及掩饰,其实背后的真实原因是恐惧。

真正的放下不是放下目标,而是放下实现目标的障碍:制定目标、放下障碍。这样人就进入一个越来越有力量和自信的状态,越来越有生命力。真正的放下绝不是出于恐惧和自我不支持的无奈,更不是处于抑郁的状态。

向着有光的方向全速前进

向着有光的方向全速前进,就是只把自己的生命浪费在美好的事情上,不去和反对自己的异己力量争辩什么、证明什么。争辩和证明,反而会分散你的注意力,浪费你不必要的时间和精力,搅进没有必要的人际纷争。人没有那么多的时间和精力做无关的事。

向着有光的方向全速前进,就是只把自己的时间、精力聚焦和专注在自己喜欢做的事情上,不去理会那些流言蜚语和冷嘲热讽。专心做好自己的事,把自己能做到的做到极致,向着自己的大方向单向前进。单向前进阻力更少,可以保持高速运行和专一,这是在生活里让自己变得越来越有力的好方法。

只相信对自己好的结局

人的心理力量是强大的。这种强大体现在,我们心里的感觉可以决定我们正在经历和以后要经历的事实。积极促进积极的结局,消极促进消极的结局。

只相信对自己好的结局,就是扭转过去那种只愿意在第一时间相信对自己不利结局的心理倾向,养成主动选择相信对自己有利的心理习惯。

心理习惯无比强大,它会把人带向相应的方向。开启幸福生活的钥匙就在你自己的心里。前提是你愿意承认自己内心的力量,愿意调整自己心的方向:从相信对自己不好的结局到相信对自己好的结局。

相信生活的美好。养成积极的心理习惯,让这种只相信对自己好的结局的习惯,成为主导性和压倒性的心理倾向,占据自己的内心。

选择相信美好

在心理调整中,有一个技巧,那就是在放下对自己不利的心理倾向的同时,不抗拒对自己有利或是美好的一面。

心理的力量是强大的,人选择相信什么,就会成为一个自我实现的预言。心理的力量通常是在无意识之中影响人的,以后的人生经历往往就在现在无意识和不经意的一个想法之中,或者说,之后的人生经历只是用来证明先前的自我实现预言是正确的!

所以,在生活中,更应注意自己想法的方向,有意识地使用心理的力量为自己谋福利。在人不知道心理的力量如此强大之前,常常是在无意识之中,允许和放任了心理朝对自己不利的方向发展,而现在则更要有意识地为自己负起责来,有意识地扭转心理的方向,选择相信人生美好的一面。

小心你说话的腔调

小心你说话的腔调,因为你说话的语音、语调、语气将决定你人生的轨迹。

一个人说话的基调直接反映了一个人的心态,诸如内心消极、悲观的人说话时总是带着一股哭腔,他们用自己对生存的恐惧去理解世界和别人的生活,以为别人的生活和自己的一模一样。

一个生怕自己好起来的人,会找出各种理由来否认、拒绝和排斥自己的进步,他们总能有把正面经历和体验转化为负面的能力,总能有把自己拉下去和拉回去的能力。

而一个内心贫瘠的人,总是会说"我没有……"当他们在和别人哭诉自己的遭遇，希望获得答案时，其实没有意识到答案已经从自己的嘴里说出去了。

人说话的腔调会进一步强化和固化自己已有的心态，并使之成为现实。注意自己说话的腔调，就是为自己的人生承担百分之一百的责任。

防止走向自我打压

人要防止自己身上出现自我打压的倾向。所谓自我打压，就是自己总不让自己好，总想往下拉自己的倾向。这种倾向往往是无意识的，也就是说，如果人不专门注意的话，是意识不到的。

之所以要特别注意这种倾向，是因为人一旦形成自我打压的习惯，就确实很难好起来，因为总有一个人在拖自己的后腿，而这个人还是自己。

这种自我打压的倾向体现在方方面面，体现在生活中的各种细枝末节。比如，在思维方式上会总想对自己不利的结果；在情感表达上，控制自己、不允许自己开心；发现自己状态好，会想办法把自己压制下去，等等。

应该说，自我打压是造成人总是感觉乏力、没有活力、缺乏生命力、能量上不去的最主要原因。人一旦有了自我打压的倾向，就会主动切断自己向上走的状态，不给自己好转的机会。人只有在不自我打压的前提下，才能保持前行。

谈恋爱要找有感觉的人

谈恋爱要找有感觉的人。这里的感觉主要指的是情商，即能够用心（发自内心）而不只是用脑（技巧）和人交往的能力。

人的大脑分为左右半脑，左半脑负责智商与理性，右半脑负责情商与感觉。由于种种原因，有些人变得过于偏左半脑和超理性，而右半脑的感觉系统受到打压，在爱与情感的表达能力方面受限。

所以，恋爱择偶中，要关注对方的感觉和情商能力。情商高的人因为内心的感觉能力强，更容易和别人用心建立连接，知道别人真正需要什么，可以更好地尊重对方的感受。

任何人际关系最终都是一场精神上的门当户对

　　任何人际关系，最终都是一场精神上的门当户对。人和人能够长期相处，是因为意识上有同频的东西。

　　这种精神上的门当户对，意味着只要我们坚持提升自己的内在，我们的内在所散发出的高频振动频率，就会吸引来相应的人和情境。

　　人也应该允许自己原有的人际关系发生变化，包括情感关系。不必太在意一些过往的失去或是变动，更不要把由于自己内在的提升而使原有人脉发生改变，解读成是自己哪里出了问题，又开始怀疑、反省和自责。从某种程度上说，这是心理成长过程中必然出现的现象。

第七篇 自信,对自己自然的确信

当你内心不自信时，就会特别在意别人的评价

当人内心不自信时，就会特别在意别人的评价，甚至会主动求评价。出现这种现象时，其实是一种需要引起注意的内在提醒，这是在提示我们：自己的心里还不够有底，表面是求关注、求认可，其实背后是想要填补自己没有自信的空缺。

对于一个真正自信的人，是没有时间去关注别人的认可和评价的。因为其做事的出发点和动机不是为了别人的认可，而是因为自己在做事的过程中获得了内在的成就感、满足感和力量感，所以专一专注、全力以赴，没有时间去关注外围的东西。

而且，真正的自信，其本身就是一个自我支持、自我认同、自我认可的良性生态循环，在自己的内在力足以支持自己做事的情况下，人自然不需要用别人的认可和评价来作为做事的主要动力。获得的关注和认可，也是在这种做事的状态下自然吸引来的。

想要证明还是因为自卑

在生活里注意观察一下就会发现,当我们努力在和别人说明什么或急着解释什么的时候,尤其是在说自己现在正在从事多么重要的事的时候,其实背后还是因为自卑,或隐隐觉得哪个地方有问题,所以才想要得到别人的认可。

当人预先带着这样一种很强烈,但自己却毫无觉察的冲动时,就会对别人抱以巨大的期待,但有意思的是,往往在这时,别人恰恰又不给予认可,不满足期待。

放下这种想要证明或是被认可的冲动后,人的心会沉寂下来,踏踏实实地做自己就好。

霸气是因为有底气

一个人看上去霸气,是因为有底气,也就是有真正的自信和自尊。外在的气场源于内心的力量。

这种气质或气场最常见于真正的成功人士身上,如优秀的企业家。这里的霸气是褒义,可以理解为领导力,更多指的是一种人格魅力，这种人格魅力或力量可以带动和感染整个团队，提升周围人的士气，让身边的人都可以感受到这股正能量，从中获益。

这是一种可以帮助人成事和吸引来更多资源的内在力（吸引力），身边如果有这样的人实属幸运。

成功的一个捷径是模仿成功者，而不是通过打压和抹黑成功者以显得自己重要，就像自卑的人拼命诋毁和抹黑自信的人，这只会让自己的内心更加黑暗、无力，并没有任何意义。

由内而外地自信起来

真正的自信不是装出来的，真正的自信是对自己自然的确信，是由内而外自然散发出的气质。

人们误以为，等自己有了某些外在条件，如高学历、好工作、较高的社会地位或一身名牌之后，自然就会自信起来，而这种自信是和现在的自己无缘，是属于未来的那个自己。

真正的自信恰恰起始于百分之百地、无条件地接纳当下这个真实的自己，接纳自己最惨不忍睹和破烂不堪的一面。真正的自信是百分之百地与自己每一刻的真实状态在一起，全然地、无条件地接受自己的每一部分。

真正的自信是一个自我合一而非自我分离和排斥的状态。真正的自信，是悦纳最真实的自己，而不是理想中的自己与看不上的自己的二元对立！

内圣外王的心理寓意

内圣外王有着深刻的心理寓意：内圣是指一个人的内在有充足的自我价值感，不需要建立在外在的确认上。人之所以显得稳重，是因为不需要不停地去察言观色，去从别人的脸色、肢体语言和反应上，寻找蛛丝马迹来证明自己存在的价值，也不需要刻意去讨好和迎合别人而获得自我的价值感。

自信，是对自己自然的确信。

正因为内在自信，所以人在外与人交往时是带着自我尊贵感的，独立不惧——外王。人们之所以觉得一个人气场强大，其实是因为这个人的内在有能量。自信是一个人内在状态的自然与真实呈现，自信是很难装出来的，这一点别人可以很敏锐地觉察到。

如果说一个人无法决定其先天的长相，那后天的优雅、自信而从容的气质则完全可以靠提升自己的内在而培养出来。

自信源于不再证明自己

真正的自信是对自己自然的确信，不需要证明什么。如果还需要向别人证明什么，恰恰是因为自己还不够自信；如果还需要向别人证明什么，是因为自己还不够有底气；如果还需要向别人证明什么，是因为自己觉得哪里还有问题；如果还需要向别人争辩什么，是觉得自己哪个地方还不对劲。

不再证明自己，不是说不可以充分发挥自己的专长，或是做好自己的工作，或是在别人面前展示自己，而是说自我价值感的"基石"发生了变化：原来是建立在（迎合）外在认可的基础上，需要不断地讨好别人，甚至牺牲和稀释自己心的纯度，来获得别人的点赞，而现在的自我价值感是建立在内在，建立在自我认同的基础上，建立在对自己确信、不再被外在所左右的基础上。

安安静静地做自己

安安静静地做自己,不需要证明什么,不需要宣扬什么,生怕整个世界的人都不知道,其实还是自己没自信,需要充起气来把自己扮大。

安安静静地做自己就好,不需要把目光冲着外面,不需要和别人争辩什么,争辩什么,是因为自己还没有底气,还对自己所做的事怀疑。时时刻刻想着赢别人,其实是自己还不认可自己。

安安静静地做自己就好,聚焦在自己喜欢做的事情上,你的心就会越来越稳。

莫把自卑当成谦虚

自卑就是自卑,是和谦虚八竿子打不着的事。

谦虚恰恰是因为自信,一个人的内在有充足的自我价值感,不需要求得外在的认可,不需要在别人面前证明什么,会呈现出一个"处下"的姿态。

而自卑是因为缺乏自我价值感，需要在别人面前显得很强，所以自卑和自大紧密相连，是一个硬币的两面：极度的自卑表现出来就是自大／自负！

真正的谦虚是不带恐惧的。因为内在有充足的自我价值感，不需要外在的确认，所以不怕、不担心别人不认可，别人是否认可自己并不影响自身自我价值感的确立。人处在一个自然放松的状态，不需要时时刻刻提防，生怕别人碰到自己的痛点。

而自卑是带着很大恐惧的，生怕别人不认可、生怕别人看不上，其实是自己看不上自己。人处在一个时时刻刻警惕和紧张、焦虑的状态，生怕别人发现自己的弱点。

谦虚因为不需要装，所以不耗能；而自卑需要装，需要用各种包装来不停地掩饰，所以特耗能。

你怎样对自己，别人就会怎样对你

你对自己的态度，决定了别人对你的态度！在生活中，只要稍微体察一下，就会发现，如果自己先自责，那几乎百分之百地会激发起别人同样批评性的反应，证实和强化自己原有的自责，证明自己的自责是对的。

自责导致犯错感，犯错感导致惩罚，这就是背后的心理逻辑。人际关系的微妙之处就在于：别人可以很敏锐地捕捉到你的心理弱点并加以利用，予以相应的回应。

所以，只有人首先做到自我支持，自己不打击、打压自己，不在言谈举止中流露出不自信等自我价值感弱的东西，才不会吸引来别人的打击。

第八篇　自我接纳是看家本领

自我接纳是你唯一的出路

自我接纳是你唯一的出路。人在遇到问题或出乱子的时候，容易在焦虑、焦躁等情绪的驱使下，去外面抓狂，让自己的心更乱，但这时人的心往往是分裂/分离的，很难做出明智的决定。

其实人最需要有时时刻刻和自己在一起的能力，时时刻刻保持在自我接纳的状态，在这种自我和谐、没有内在冲突的状态，人的心可以保持最大程度的安定，做出最符合自己长远利益，而非仅仅是迫于外在压力的临时性决定。

临时性的决定从有形的角度看，也许有利，但从无形的角度看，可能会付出更大的代价，得不偿失。

你只有接纳了自己，才能没有情绪

人只有接纳了自己，才能没有情绪，尤其是要接纳自己有情绪。情绪散放不掉的一个主要原因是因为不允许自己有情绪，对自己有情绪持一种自责的态度，用各种大道理和宏大的理由来强压自己没有情绪。越是这样，人越是"撕裂"。

所有的情绪本质上都是一种自我攻击，自己和自己过不去，自己不允许自己做自己，非要把自己改造成一个不是自己的自己，所以人就活在了应然与实然的巨大张力之间，所有的能量都耗在了这儿。

当你痛苦时，一定是不自我接纳了

当人痛苦时，注意一下，一定是不自我接纳了。当人开始不自我接纳，内在就分裂成异己的不同的我，开始互斗。这种内在的痛苦张力又会驱使人向外去"抓"，开始从内在的冲突发展和演化为外在的冲突。于是人的心更乱、更闹腾，越痛苦，就越向外"抓"，越向外"抓"，就越痛苦，这是一个跳不出的死循环。

打开这一死结的方法是回到自我接纳，从源头用力而不是向外使劲，通过爱自己和自我接纳而实现自我合一，消弭痛苦的二元张力，恢复内在的和谐与安定。

在自我接纳中恢复人的自我调整能力

有一件事是需要特别搞清楚的：人体本来就有自我调整、自我"导航"和自我指引的能力。

人如果是处在自我和谐的情况下，这种天然的自我调整能力就能占据主导地位，并引导人前行。人的能量如果没有用在内斗上的话，会是一个流畅的、不被打断的和人为干扰的自然运行过程。但一旦出现内部的冲突与对立，这一自然生态系统就被打断了，就被羁绊在各种内在冲突上，产生出越来越多的问题。

当人的大部分能量都用在内耗上时，这种天然的调整能力根本无暇也没有机会展现出来。只有当人回到无条件自我接纳的层面，人体本来的自我调整能力才能重新出现，走上一个依靠自我调节的良性循环。否则，人的能量就全耗在了自我打压和自我较劲上。

自我接纳让人把握好分寸

自我接纳可以让人把握好做事的分寸。人如果是自我接纳的，内心就是一个和谐、没有冲突的状态，人就可以和自己的内心有更紧密的连接，人的内心就会提示人该怎么做，可以让人处在一个内外和谐的状态。

人不知道该怎么办，往往是在不自我接纳、内心冲突的时候。内心一乱，外在做什么事都感觉不对劲。

其实，人只要能为自己兜底，不管什么时候都是自我接纳的，就会是一个充满安全感和确定感的状态——安全感首先是自己给自己的，那是一种心中有力和有数的状态。人如果不能自我接纳，自己都不能为自己兜底，就会处于一个心总悬着，做什么事都感觉没谱、满腹狐疑的状态。

在自我接纳中释放情绪

情绪更容易在自我接纳中自行释放掉。人如果处于一个自我接纳的状态，很多时候都不需要怎么刻意去处理情绪，情绪就会在自我接纳中自己释放掉。

情绪释放不掉，恰恰是因为人的不自我接纳，为情绪的持续存在赋予了形体，让情绪成为异物（异己的力量）；情绪释放不掉，恰恰是因为人的不自我接纳，制造出张力，身体的一部分和另一部分展开相互为战；情绪释放不掉，恰恰是因为不自我接纳，让一个本不是问题演化成问题。

接纳自己最柔弱的一面

大脑停不下的一个重要原因是，人没能接纳自己最柔弱的一面。人的心理防御机制会非常巧妙和隐秘地配合人避开直面痛苦时的感受。比如大脑会不停地制造一些令人产生快感的想法、念头、场景，或者是对往事重新剪辑，以让自己更好受，等等。

然而，所有这一切的根基，只是因为没能接纳自己最真实和最脆弱的一面。人在这种不落地的心境下设计出的宏伟蓝图，因为没有后续力量的支撑很难持久和落实。

没能接纳自己最真实和最脆弱的一面，人就会活得特耗能。因为害怕别人看到自己的脆弱，人会把大量的时间、精力用在无意识的防御上，装坚强给别人看。

当人的心趋于平静，也恰恰是源于对自己最真实和最脆弱一面的悦然接纳，不再没完没了地防御。

借由自我接纳回归生活的自然自发

借由自我接纳回归生活的自然自发。在完全自我接纳的状态里，没有了外在标准，没有了对错，自然为正，自然的就是美的。需要道义，需要外在标准，恰恰是因为不自然了，"大道废，有仁义"。

自我不接纳，人成天活在"是"与"应该"的内心冲突中。在自我接纳的状态里，没有刻意，人活在自然之中，所言所行自然而发。

自我不接纳，人活在当下与未来的张力间备受煎熬，完善与圆满永远被寄托在未来的某个时间点上。人总是带着欠缺和任务未完成的感觉，活在焦虑感、紧迫感和压迫感之下。在自我接纳的状态里，时时处处皆接纳，时时处处皆圆满，时间的间隙开始消融，当下即是永恒。

在做事的过程中完善自己

人容易有一种倾向，即要等到什么都准备好的时候，再做事情，其实这样很容易贻误宝贵的时机。

让自己成长更快的做法是，把事情做起来，在做事的过程中完善自己。刚开始可能只是一个大方向，但在做事的过程中，方向就可以变得越来越清晰。在做事的过程中，人不断地积累所需要的各种资源和条件，随着变化，还可以做出新的适时调整。

这种日积月累不可小觑，所谓水滴石穿，这要比只是观望、干等，任凭时间的流逝划算得多。

别和自己讲大道理

别和自己讲大道理，因为没有用。用大道理强压自己的真实感受，只能加速抑郁。用大道理强压自己的真实感受，只能掩盖问题的真相，阻碍人去深入探索内心，耽误真正的成长。

"知道做不到"估计是每个人都有过的经历，在情绪上来的时候，几乎所有的大道理都会失效。解决问题的根本措施，也是最快的方法，恰恰是放下大道理，在第一时间去接受自己真实的感觉和情绪，和自己的真实状态在一起，去真真切切地穿越每一个感觉和情绪。这样才有机会抵达问题的核心，彻底解决问题。

问题因抗拒而延续，真正的改变始于接纳。接纳问题，才有机会释放问题，为你自己开启一种全新的、不和自己讲大道理的生活方式。

如实地接纳自己的感觉

在所有的心理方法中，有一条捷径：那就是时时刻刻地选择和自己的感觉在一起，能全天候地和自己的感觉在一起，你就是大师。

只有回到自己真实的感觉层面，人才能找回真实的自己，才能和自己的内心越来越近。

最重要的是，只有回到自己真实的感觉层面，人才能走上一条靠自己内心指引的内在体验之路，而不是仅仅停留在头脑肤浅的道理和理念层面。

人可能会有一个担忧，那就是，如果我接受了自己真实的感觉，会不会沉溺进去，甚至将感觉变得更坏？！

事实上，感觉会因为人的真正接纳，而开始向好的方向发展。当人选择去呵护身体的感受，生命有机体本来的智慧就自然知道什么是度。当人不知道什么是度时，往往是因为不自然了；当人做事把握不好分寸时，恰恰是因为不爱自己和不自我接纳。爱是最伟大的转化，问题因为抗拒而延续，而问题的解决始于接纳。

放过自己，你才能放过全世界

放过自己，你才能放过全世界。一切的外在问题都是因为没有根源上的自我接纳而引起的，内在冲突扩展成更多的外在冲突。只有回到问题的起点——自我接纳，才能从根源解决问题。

人被卡在某个地方，往往是因为自我不接纳和自责，自己不接纳自己的真实状态，自己不接纳自己最为真实的事实。

打开这一心结的核心，是接纳自己最为真实的现状，包括接纳自己无法接纳这一事实，这是从最底层破解问题的方法。

你需要对自己更温柔一些,在对自己柔化的过程中,你也就潜移默化地化解掉了问题。放过自己,你也就放过了全世界。

只要你有足够的耐心,情绪终归散去

对待情绪,最需要的态度是耐心。只要你有足够的耐心陪伴你的情绪,不管是什么情绪,终归散去。

情绪是一股被压抑的能量,人最容易有的情绪就是急躁,恨不得情绪立即消失,或是疯狂地采取各种人为措施,想要消灭情绪。

这种排斥情绪的做法,只能加剧情绪的反弹和逗留不去。情绪有其自身的运作规律,越是强行干预,越是容易陷进去。情绪之所以散不去,是因为人还没有彻底放下防御和抗拒;情绪之所以散不去,是因为还没有被真正接纳。

对你的情绪有耐心,就是对你自己有耐心,接纳你的情绪就是接纳你自己,爱你的情绪即是爱你自己。

和你的感觉在一起

和你的感觉在一起,

你就能进入一个体验越来越好的良性循环;

和你的感觉在一起,

你就能从自我分离走向自我合一;

和你的感觉在一起,

你就能结束内耗,

不再和自己过不去;

和你的感觉在一起,

你就能走出痛苦,疗愈自己;

和你的感觉在一起,

你就能走上一天比一天好的阳光之旅;

和你的感觉在一起,

你就能保持心情愉悦,

带给别人真正的欢喜。

向内与向外

人毕其一生的努力，一直在试图通过改变外在，来改变自己内在的感觉。很多时候想要改变外在、抓住外在不放，与外在纠缠不清，其实是因为不能接受自己内在真实的感觉，是在无意识地逃避体验自己内在真实的感觉。

解决问题更快的方法，是向内直接和自己的感觉在一起，去真真切切地体验自己的感觉，老老实实地和自己的感觉待着。对自己的真实感觉不逃避、不抗拒，感觉就会因为接纳而发生转化。

接纳自己的感觉可以让人看清真相，不再继续无意识盲目向外抓狂用力。和自己内在的感觉合一，外在的问题自然会迎刃而解。

活在当下的全然之中

全然地活在当下，从全然地接纳自己开始，全然地接纳每一个当下的自己，全然地接纳自己的每一个当下。

对自己的一切不再抗拒，活在当下的全然之中。面对自己的情绪，不再逃避、不再抗拒，痛就去体会那个痛，恐惧就和恐惧待在一起。全然地接纳自己，全然地接纳每一个当下，即可以超越到禅的境地：只有一，没有二；只有合一，没有分离；只有接纳，没有间隙。

"行住坐卧皆是禅"，是指做什么事已经不重要了，重要的是无论何时何地，人的意识品质都是同一的，不管什么事，都不影响人意识品质的纯一性。

自责并不解决问题

自责并不解决问题，靠自责来强逼自己就范，会让自己的状态急剧下滑，能量很长时间恢复不过来。

人做不做事，可以有好多种动机，比如，人决定不再做某件事，是因为这样做没有效果，不解决问题，所以决定放弃。

随着人自我关系的越来越好，自责会越来越少，尤其是那种足可以摧毁一个人的、排山倒海的自责会越来越少。而这时，人会发现，其实没有自责，并不影响自己是个好人。没有自责，人的内在冲突会更少；没有自责，人会变得更有爱；没有自责，人更能保持在一种内外和谐的状态！

放过自己,你就不再和别人起冲突

人不和自己较劲,就不容易和外在较劲。所谓心理问题,其实本质是自我关系问题。人处在自己对自己充满情绪的状态,在情绪的搅缠下,往往做什么都不对,被犯错感所包围。

在这种状态下,和人交流或是办事,很容易发生冲突或是起争执。只有先放过和宽恕自己,才能脱离自我冲突的羁绊,走上自我和谐的良性循环。放过自己,你就不再有兴趣揪着别人不放!

自责会把别人的问题安到自己头上

人一旦自责、自卑，就容易发生一件事：把别人的问题和责任安到自己头上，开始修理自己、整自己，没完没了地和自己过不去，最后真把自己搞出了心理问题。

人可以调整和完善自己，但不需要对自己进行指责和打压。让人变得更好有很多种办法，但绝不是自责。

自责是所有情绪中能量最低的一种。自责容易激起人的犯错感和随之而来的逆反心理，反而阻碍人去深入探索自己的内心和积极地外在应对。

支持自己的感觉

每一天，都有成千上万的人被困在各种情绪中无法自拔，更让事情复杂化的是，多数人选择了和情绪、感觉"为战"，压抑、打压、压制，把情绪和感觉活生生地强压下去。这样做的结果就是，让情绪、感觉的能量继续潜伏下来，为以后更大的爆发"积累"条件。

支持自己的感觉，并不是说要向别人发泄和转嫁自己的情绪，而是指主观上自己对自己的态度，即对自己的情绪和感觉采取百分之百、无条件地接纳，不打压、不讲大道理，情绪和感觉上来的时候，全然接受，不做任何人为的干涉。

随着人接受情绪、感觉的程度越来越高，阻抗的程度越来越小，情绪和感觉反而释放得越来越快，释放得越来越干净。

第九篇　真实地做你自己

真实让人越来越有力量

真实让人越来越有力量。人只有活得真实，才能变得越来越有力，否则就越来越虚，失去力量之源。

人要想心理健康，其实很简单，秘诀就是不伪善。自己不给自己制造分裂和二皮脸的机会，保持自我的合一。

而真实地活着，活得真实，就像是在不掺水分地搞自我建设，每一次的坚持，就是给自己夯实一次地基，人变得越来越有生命力。

人一旦不能真实地活着，就会走向自我分裂。自己和自己打架，能量全用在了内耗和对外的掩饰上，自己把自己的力量搞没了。

做自己，才不会迷失

只有当人勇敢地做自己的时候，才不会迷失。否则，脑子里净是别人的东西，一直活在别人的眼光中，把自己的自我价值感寄托在别人阴晴不定的评价和认可上，一生的奋斗都是在满足别人的期待。从来没有为自己活过，离自己的心越来越远，越发听不到自己的心声，直到与自己的心声彻底隔绝。

这就是为什么现在很多人觉得生活没意思、无聊、郁闷的最主要原因，一个人不为自己活，确实很难有意思。人只有在为自己活的过程中，才会觉得活着有意思，觉得生活美好。

人是怎么变得虚伪和伪善的

人变得虚伪和伪善，主要原因是因为一直在装，而不是大大方方地做自己。当人的所言所行不是由衷而发，而是为了满足别人的期待和认可时，就会出现人格分裂的二皮脸现象：所说的话或所做的事，并不是自己内心真正支持的，言不由衷、心口不一，人只能变得越来越虚伪和伪善。

要想心理健康，就要做真实的自己，于人于己都有好处。违背自己的本心和人交往，对于人际关系的长远健康发展没有益处。人际关系中有一条几近于铁律的规律：好得快，臭得也快！关系一下子好得不得了，往往是有水分的，这会为以后的善变埋下伏笔。

违背本心，更是对健康不利。长期积压负面情绪和怨气的结果，就是让自己的身体容易生病；要不就是把自己的情绪发泄和转嫁给身边的人，让关系本是最亲密的人遭受情感伤害。

不需要证明什么，做自己就好

人不需要证明什么，做自己就好。只有做自己时人的心才会安静下来。人的心静不下来的一个主要原因是，时时处处想要证明自己，时时处处想要压倒别人，所以心里闹腾。

想要在别人面前证明自己，实质上是在求认可。人如果自己认可自己的话，就不需要向别人证明什么，安安静静地做自己就好，安安静静地做自己喜欢做的事就好。

想要证明自己，说明自己还是没底气；想要证明自己，说明自己哪里还有问题；想要证明自己，说明还是在追求别人眼中的自己。

不讨好别人

不讨好别人，可以从一开始就防止和避免了建立不健康的人际关系。

讨好别人通常是以牺牲自己心的纯度为代价的，甚至是以迎合不合理的需要为代价的。这无疑是对自己最不利的，甚至会让人变得越来越无力，影响自己的状态，让自己变得不健康，从长远来说这是难以承受的代价。

好的人际关系是相互成就的，在这种关系中，每个人都可以最大限度地做自己，提高生命力。任何人际关系最终都是一场精神上的门当户对。不讨好别人，就能用高自尊吸引来更有自尊和更健康的人，建立起更优质的人际关系，为生活加分而不是耗能。

不违心做事

人没必要违心做事，不违心做事，是因为有更好的解决方案，而违心做事，则会错过这一更好的解决方案。

任何好的解决方案一定是双赢或是多赢的，违心做事是不必要的牺牲。之所以是不必要的牺牲，是因为违心做事的背后往往是一堆需要面对的负面情绪。

往往在违心做事之后等人真正明白过来时，情绪的反弹会更大，可能更伤害彼此的关系或是坏事。人不违心做事，就不至于有情绪，心平气和反而有利于关系的长久。

当人发现自己在违心做事时，最需要做的是，老老实实、没有隐藏地让自己内心最真实的想法、感受暴露，看看到底是什么东西在让自己违心做事，清晰自己做事的动机，你就有机会打破这种模式，给自己更多的选择。

做真人，不做圣人

不能做真实的自己，每天都靠装，长期矫饰与伪装，心理必然扭曲，自己都会讨厌自己的伪善，造成自我的冲突与对立。

人生的美好源于接纳真实的自己，不包装、不伪善，接受自己的本来面目。从一开始即从源头上避免自我的冲突与对立。自己的内在和谐了，外面的世界自然会好看，人就不会把自己负面的潜意识投向外在，认为到处都坏。

很多时候人违心说话做事，名义上是为了维护人际关系，但事后恰恰成为加速破坏人际关系的最大杀手。因为一个人不能老骗自己，时间长了必然通过明里暗里的方式，表达出自己的不满，到头来反而事与愿违，破坏人际关系。

事实上，做真实的自己更容易得到别人真正的、由衷的尊敬，更有利于建立长久的高品质人际关系，因为每个人都渴望真实而不掺水地活着。

人生只需做到三个字：不违心

人生只需做到三个字：不违心。不违心是对自己也是对他人负责的最好方式。

为了维护所谓的面子，说违心话、做违心事，事后又反悔变卦；或是虽然看上去没有反悔，但靠用大道理来强压自己的真实感受。在表面和风细雨的下面，其实是各种心机的暗算和暗斗。

靠违心建立起来的人际关系，迟早有一天会出问题。另外，违心所带来的负面情绪的积压，会让身边的人日子不好过。

不证明自己

人时时处处想要证明自己，往往是没能接纳自己最真实的一面。在没有自我接纳的前提下，去证明给别人看，很容易成为一种自我伤害。

这种没有自我接纳的证明，是在加固一个事实，即恐惧面对自己的真相，有意无意地掩盖真正的问题，让自己永远无缘触碰到自己最真实的一面。

没有人生的触底/探底,人活得会像一叶浮萍随波逐流,永远都没有根。

做真实的自己,不再琢磨着"证明"给别人看,自己不再和自己玩虚的,自己不再骗自己,这是自我成长的第一步。这份真实会带给人真正的自信,带给人前所未有的踏实与从容。

真正的人品源于真实地做人

真正的人品源于真实地做人,真正的人品源于敢于面对真实的自己。一个不自欺、忠实于自己内心的人,从长远来说更可靠,而一个习惯于背叛自己内心的人也更容易背叛别人。

活得真实、不伪善才称得上是人格完整,这是所有美德的起点。

接纳自己真实的人性会让人更懂得谦卑而不是伪善。以道德卫士自居去讨伐别人,实质上是无法接受自己和别人一样,同样有着真实的人性。

正因为接受自己真实的人性,所以推己及人,不再向外投射自己的心理阴影,对人更加宽容。

没有"应该"的生活

有一个误会亟须厘清：人做事不是非得出于应该，完全可以是出于内心自然自发的意愿。

出于应该去做事，往往有逼自己的成分，背后是勉强和不情愿。这种心态会影响人做事的品质和人际关系的质量。

出于尊重自己的真实感受而产生的自然倾向和意愿，是一种更真实和更具持久推动力的力量。

没有应该，并不意味着原来该做的事就不会去做，该完成的任务就不会去完成，只是做事的动机变了。

成功只是做自己喜欢做的事的副产品

成功只是做自己喜欢做的事的副产品，成功难是因为在做自己认为不得不去做的事。

喜欢和不得不在心态和能量上有很大的差距：因为喜欢，所以人会全力以赴、全身心投入，意识可以集中到一个高度专注的状态，因为专注，避免了分心带来的耗能。

做自己喜欢做的事的同时，内心会有很大的成就感，尽管当时未必有回报，但这种内在的成就感是一个人可以长期坚持不懈的动力源。因为喜欢，人会有勇气和力量去面对并扫清通往目标路上的所有障碍！

因为喜欢和专注，很少或没有了内耗与耗能，做事本身反而成了一种静心，宁静反过来又能致远，这就在无意识之中形成一个相互促进和相互提升的良性循环。

而不得不去做事的背后，是带着很大恐惧和限制性的生存信念，如害怕不这样就没法儿生存。这种关于生存的恐惧本身就是非常耗能并让人的生命力萎缩的。

在不得不去做事的过程中，人会有被迫和被驱使的感觉，因为自己的内心并不支持，心和脑会发生严重的冲突，在做事的过程中人还在想其他的东西，甚或产生极大的情绪，影响做事的效果和效率。完事之后，人也没有内心的成就感，这就从根源上切断了持续性发展的动力，这是造成人抑郁、活得累，感觉生活没意思的一大根本原因。

当整个世界都在喧嚣和狂欢的时候，而你却在静静地做自己、静静地做自己喜欢做的事，成功者舍你其谁。

你越做自己，就越能得到别人真正的尊敬

一直以来有个误解，人们以为牺牲自己的个性就可以换取人际关系的稳定，其实这是一种十分不划算的行为。如果人不能做真实的自己，会很难受、憋屈，长时间违心做事，压抑自己的真实情感，会导致人的心理扭曲、变形，甚至引发抑郁，这是对自己的伤害。

如果一个人违心地和别人交往，别人能不能感受到呢？答案是当然能。尤其是时间长了后，对方很可能早已在心里或与其他亲近的人对你做了"盖棺论定"，这个人不实在、不老实、虚得很，等等。也就是说，辛辛苦苦的付出和苦心经营，最终可能落个费力不讨好，甚至是竹篮打水一场空。与其这样，还不如从一开始就做真实的自己。

另外，靠违心付出来维护人际关系的稳定，最终可能恰恰成为破坏人际关系健康发展的罪魁祸首，因为积压的情绪会把关系变得越来越微妙复杂，甚至一塌糊涂。

其实，每个人心中都有一个梦想，那就是勇敢地做自己、做真实的自己。素面朝天，快乐无边。人们在内心也确实更钦佩那些活得真实的人，因为他们/她们在做自己的同时，也活出了每个人心中的梦想。

第十篇　爱自己，找回内心的确定感

爱自己：连接内心的指引

爱自己和自我接纳，可以把人迅速从头脑的层面拉回到现实的体验层面，帮助人和自己内心最真实的情感和感觉建立连接，这是一个人发生彻底性改变的前提，否则人就一直纠结在头脑中各种不同声音的冲突之间，不停地内耗。

爱自己和自我接纳到一定程度时，人会处在一种内在合一、和谐的状态，内心的智慧和灵感开始涌现，遇事时内心自动给出答案，这是一种自然而然而又内心确信的状态。

为你的心活着，才能找回自己

一个人只有为自己的心活着，才能找回自己。在为自己的心活着之前，脑子里装的净是别人的东西，人一直活在别人的眼里，处在一个自我迷失的状态，甚至是重度迷失的状态。

这种迷失体现在不知道自己真正想要什么，只是混日子、得过且过，总觉得自己是被一股莫名其妙的强大力量推着走，心里虽然抗拒却又无能为力、无力拒绝，只是被迫地往前走，所以很痛苦。

人在自我迷失的情况下，很难知道自己真正喜欢什么。人只有找回自己，才更清楚自己真正想要什么，也才能更容易地找到自己心爱的人和工作。否则，人更多的是在试错和碰运气，但人生毕竟没有那么多次试错的机会。

所以，想要减少试错的成本、少走弯路，就要先找回自己，而找回自己唯一的路径，是从现在开始为你的心活着。

心静的程度取决于自我合一的程度

古往今来，有无数种静心的方法，有一种直接简单却至今没有引起重视的方法，那就是通过修复自我关系，提升自我接纳度，悦纳真实的自己而实现静心。静心就是总是处在一个自我接纳和合一的状态。

心不静是因为总是活在一个二元对立的世界里。人的心闹腾，很大原因是因为自我关系紧张、自我冲突与对立，内耗大。

人不接纳真实的自己，就会设想出能给自己带来快感的理想的、成功的自己，人为地建构一个自我分离的二元对立状态。

就这样，人的心摇摆在现实的我和理想的我的冲突与张力间，经历着幻想与幻灭的振荡起伏。而心静是与当下合一，与当下自我的真实状态合一，不再追求一个异于当下的我，不再追求一个异于当下的状态。

心静是一个越来越向内合一，而不是越来越向外分离的过程。

爱自己、灵感和确定感

爱自己、灵感和确定感，这是三个联系在一起的美好状态。人越爱自己，就越能和自己的内心建立连接，而越和自己的内心紧密相连，就越能收到来自内心的灵感，人可以更多地生活在内心的指引之下。

人处在灵感的状态，做事好像有一种天然的确定感，知道该往哪里去！

而人一旦脱离灵感的状态，脑子就开始变得不灵光、转不动，整个人顿时不在状态，做事费时费力、效率极低，情绪也越来越大。

爱自己，心才不会乱

每个人在生活中都有体会，只要心一乱，整个人的状态就不对劲了，一旦失去那种做事的确定感，人就会犹疑不定，不做难受，做了又后悔，这很让人耽误时间和纠结难受。

一乱而百乱。人一旦不爱自己和不自我接纳，自我就会分裂，内心开始冲突打架，心一乱，人就不知道该怎么办了。

只有爱自己，完全地接受自己，让内心重新找回安宁，人才能恢复内心的确定感，变得有主意和有力。

顺应自己的自然

顺应自己的自然，从现实的层面讲，可以帮助人进入一个自己不和自己较劲、内外圆融、由内而外解决所有问题的良性循环。人在心乱、手足无措，不知道该怎么办的时候，往往处于一个自我分裂和内心冲突的状态，自己不支持自己。顺应自己的自然，不和自己较劲，人的心就会稳定下来，心稳下来，意识统一，人自然会变得坚定有力，目标清晰，知道下一步该怎么办。

从更高的层面讲，顺应自己的自然，可以帮助人恢复自我调整能力。所谓自我调整能力，是指人的生命体本身自带的自我调节和自我超越的能力，这是生命体本身自有的智慧——内在智慧，具有自动运行、自我导航和自我指引的功能。可以帮助人找回做事的自然倾向和最擅长的天赋，让生活进入一个对抗越来越少、越发自动运行和不费力的状态。人遇事可以和自己合计，不需要再从外面寻找答案。

爱自己就是让自己心静

爱自己最好的方式，是让自己具有心静的能力。

心静不是出于逃避恐惧，心静是一种"不附着"的能力，即不被任何一种情绪和欲念牵着鼻子走，而是通过"不附着"的能力让自己上升到可以选择的地位。

人要有把欲求转化为选择的能力，要一个东西或做一件事是因为选择，而不是被一股"不得不"的力量推着走，或是被欲求逼得要抓狂。

心静地制定目标，心静地执行目标，心静地享受目标，让梦想一步步落地，让通往成功之路越走越稳健。

人不再相信自己，是因为自我迷失已久

当人不再相信自己，不停地从外面寻找答案时，其实是一个非常值得警惕的信号：有可能是这个人的自我关系出了问题，自我迷失已久。

人如果处在一个自我关系融洽的状态，不管遇到什么困惑或问题，都可以从自己的心里找到答案，不需要舍近求远地去从外面寻找答案，让自己更加手足无措、更加迷失，找不回自己。

没有对抗地生活

没有对抗地生活，不和自己过不去。

当人允许自己做自己，不再和自己较劲时，就不再有兴趣和动力去和别人较劲，越来越处在一个内外和谐的自然状态。和别人过不去的根源是和自己过不去。

当人越来越不再较劲、不再对抗时，人会有更多的灵感和直觉去追随，这样就开启了一种全新的生活方式：听从内心的指引去生活。

从爱自己到开悟

开悟是自我合一的状态，开悟是心静的状态。开悟是回归自然的状态，可以令"头脑的我"消融、远离假我，恢复本真的我和自然的我。爱自己可以帮助人最快速地远离"头脑的我"的干预，直接回到内在的体验，接近自己更真实的存在。

开悟是"智慧内显"的状态。爱自己可以帮助人和自己的内心建立连接，唤醒自己内在的智慧，恢复人做事的自然倾向和灵感的指引。

开悟是心中有大爱的状态。爱自己可以让人的心中充满爱，把自己的杯子斟满，爱自然会溢出，扩展为大爱。

从爱自己到无我，从自我接纳到明心见性

爱自己可以让人具备共情的能力，知道如何去尊重别人的感受，能用心而不是用技巧去和别人交流，更容易体会为人的不易，更容易宽容和体谅别人。

爱自己让人活得真实、不伪善，这是人格完整的起点，也是所有美德的起点。美德和不真实、伪善是不兼容的。因此，真正的爱自己非但不会导致一个人自私，恰恰可以帮助人做到无私（无我）。

每个人的内在本来就蕴藏着最高智慧，是人的心太闹，遮蔽了本来智慧的显现。心静源于自我接纳而不是自我冲突、自我分离和自我分裂，随着人自我接纳能力的不断提高，人的心自然会趋于平静，人就有机会和自己内在的本来智慧建立连接，发现自己本自俱足、自性圆满的本性，不需要再通过"外

求"来实现自身的圆满。正是自我不接纳才驱使人走向"外求",把注意力全放在外面,去外在用力,越来越迷失自己的本性。

图书在版编目（CIP）数据

爱自己，启动自我疗愈的能力 / 李英杰著 . —北京：华夏出版社，2018.1
ISBN 978-7-5080-9327-7

Ⅰ.①爱… Ⅱ.①李… Ⅲ.①人生哲学 – 通俗读物 Ⅳ.①B821-49

中国版本图书馆CIP数据核字（2017）第238759号

爱自己，启动自我疗愈的能力

著　　者　李英杰
责任编辑　许　婷　王秋实

出版发行　华夏出版社
经　　销　新华书店
印　　刷　三河市少明印务有限公司
装　　订　三河市少明印务有限公司
版　　次　2018年1月北京第1版　2018年1月北京第1次印刷
开　　本　670×970　1/16
印　　张　10.5
字　　数　100千字
定　　价　32.00元

华夏出版社　网址:www.hxph.com.cn 地址：北京市东直门外香河园北里4号 邮编：100028
若发现本版图书有印装质量问题，请与我社营销中心联系调换。电话：（010）64663331（转）